L'ART
DE
LEVER LES PLANS,
DU LAVIS
ET DU NIVELLEMENT,
enseigné en 20 leçons,

SANS LE SECOURS DES MATHÉMATIQUES,

Ouvrage mis à la portée de toutes les classes de la société, et indispensable aux Instituteurs, Arpenteurs, Géomètres, Propriétaires ruraux, etc.

AVEC 16 PLANCHES.

PAR THIOLLET,

PROFESSEUR AUX ÉCOLES ROYALES D'ARTILLERIE.

Paris.

AUDIN, QUAI DES AUGUSTINS, N° 25;

URBAIN CANEL,

PLACE SAINT-ANDRÉ-DES-ARTS, N° 30.

1825.

PARIS. — IMPRIMERIE DE CASIMIR,
RUE DE LA VIEILLE-MONNAIE, N° 12.

Varney — Guilleros

L'ART

DE

LEVER LES PLANS.

Ouvrages scientifiques

QUI SE TROUVENT AUX MÊMES ADRESSES.

Astronomie en 22 leçons, enseignée sans le secours des Mathématiques, traduite de l'anglais sur la 13e *édition*; un fort vol. in-12, orné de planches; 3e *édition*, revue et considérablement augmentée. Prix: 7 fr. et 7 fr. 60 c. à l'anglaise.

Mécanique de l'Artisan, de l'Ouvrier et de l'Artiste, traduite de l'anglais par M. Bulos, auteur de l'ouvrage intitulé: *de la Vapeur appliquée aux Arts*, un vol. in-12 orné de planches. Prix: 5 fr. 50 c., et 6 fr. cartonné à l'anglaise.

Problèmes amusans d'Astronomie et de Sphère, traduits de l'anglais de la 7e *édition*, et faisant suite à l'*Astronomie en 22 leçons*. Un vol. in-12, orné d'une gravure offrant l'heure relative de toutes les principales places du monde. Prix: 4 fr., et 4 fr. 50 c. cart. à l'anglaise.

Chimie en 26 leçons, traduite de l'anglais sur la 5e édition; par M. Payen, auteur du *Traité des Réactifs chimiques*. Un fort vol. in-12 orné de planches. Prix: 7 fr., et 7 fr. 60 c. cart. à l'anglaise.

Ouvrages littéraires.

Fiesque, tragédie en 5 actes, par M. Ancelot. 2e édition. Prix: 4 fr.

Nouvelles Méditations poétiques, in-18, 3e édition. Prix: 4 fr.

Les mêmes, in-8°. Prix: 4 fr.

Sermons de M. l'abbé de Bonnevie, 4 vol. in-12. Prix: 16 fr.

Les mêmes, in-8°. Prix: 21 fr.

Nouveaux Contes à Henriette, par Abel Dufresne; charmant vol. in-28 orné de gravures. Prix: 4 fr.

Épîtres et Évangiles, édition de luxe; grand in-8° sur papier vélin, imprimé par Rignoux. Prix: 7 fr. 50 c.

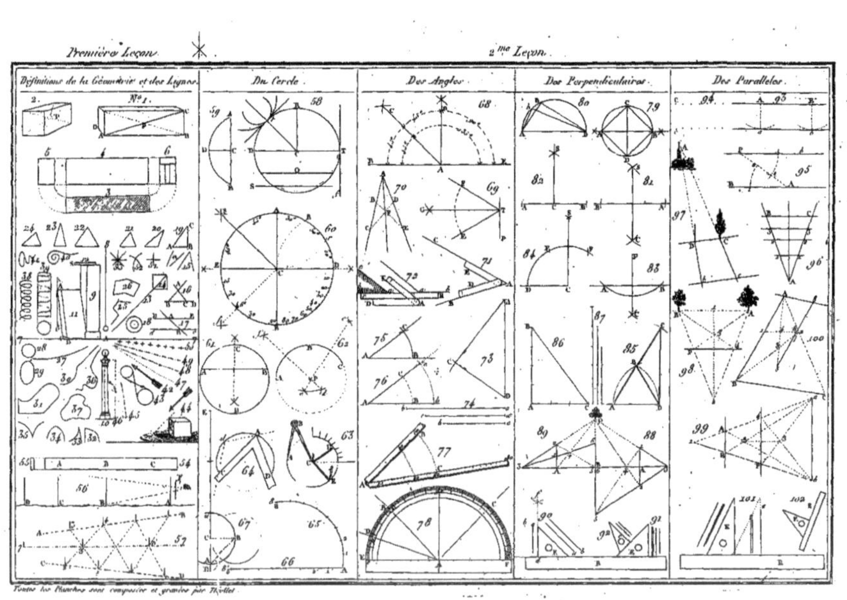
Première Leçon
2me Leçon
Définitions de la Géométrie et des Lignes.
Du Cercle.
Des Angles.
Des Perpendiculaires.
Des Parallèles.
Toutes les Planches sont composées et gravées par

L'ART DE LEVER LES PLANS.

PREMIÈRE PARTIE.

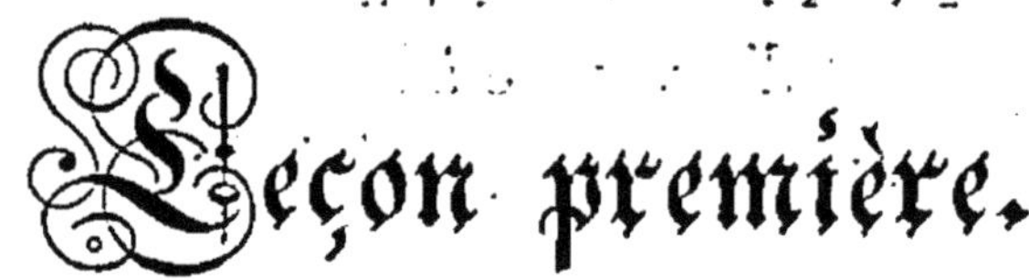

(Planche 1re)

DÉFINITION DE LA GÉOMÉTRIE, DU CERCLE, DES PERPENDICULAIRES, DES PARALLÈLES ET DES ANGLES.

N° 1. On entend par *géométrie*, la connaissance et la mesure de l'étendue. L'étendue a trois dimensions : longueur AB, largeur AD, et hauteur BC, qu'on nomme aussi épaisseur ou profondeur. Avec deux de ces dimensions on forme les surfaces, et avec les trois dimensions on forme des solides. Chaque ligne comprise entre deux lettres n'a d'autre dimension que la longueur. Tout corps qui réunit les trois dimensions est un solide.

La ligne droite AB est une longueur sans largeur ; elle est la plus courte distance d'un point à un autre.

Deux lignes qui traversent un parallélogramme, et qui vont du sommet d'un angle au sommet de celui qui lui est opposé, tel que AC, divisent la surface en deux parties égales, et leur rencontre détermine le centre de la figure, tel que P.

N° 2. Deux lignes qui traversent un solide et qui partent d'un angle à l'autre opposé, déterminent le centre de gravité du solide, tel que P.

Des Projections.

N° 3 à 6. Pour figurer les corps d'une manière intelligible et à la portée de tout le monde, qu'on se représente le plan N° 3, que l'on nomme projection horizontale, et qui détermine les deux dimensions du plan et tous les mouvemens et sinuosités qui peuvent y être indiqués.

On place au-dessus, et à plomb du plan, l'élévation N° 4, qu'on nomme *projection-verticale*, à laquelle on donne la hauteur que doit avoir l'élévation. La vue par bout, N° 5, détermine la largeur et la hauteur du solide, qui peut être une maison ou un autre édifice quelconque; on la fait de manière à représenter les objets qui ne pourraient être visibles sur l'autre face. Souvent l'élévation et la vue par bout ne suffisent pas pour rendre, d'une manière intelligible, tous les solides; alors on emploie une troisième figure verticale, N° 6, que l'on nomme *coupe*, et que l'on prend sur le plan à l'endroit le plus convenable pour rendre les profils et tous les détails qui ne pourraient être aperçus sans cela.

On a le soin de disposer, si la feuille de papier le permet, l'élévation au-dessus du plan, la coupe et profils sur la même ligne que l'élévation.

Des Lignes.

On peut diviser les lignes sous le rapport du dessin et sous le rapport géométrique.

On les distingue de trois manières : la ligne blanche, ou occulte, est celle que l'on fait avec une pointe ou un crayon avant d'être mise à l'encre ; la ligne noire, ou pleine, lorsqu'elle est marquée à l'encre dans toute sa longueur : la ligne ponctuée tient lieu de ligne blanche ; on l'exprime par des points ; il y en a de différentes espèces.

Les lignes géométriques sont de deux espèces, ligne droite et ligne courbe. Nous allons les décrire :

Les lignes droites sont toutes de même espèce.

N°. 7. Ligne horizontale qui est de niveau et parallèle à l'horizon, qui n'est point inclinée et qui se rapporte à l'horizon.

N° 8. Ligne verticale. Un fil à plomb tel que A8 engendre une verticale ; la verticale est toujours perpendiculaire à l'horizon. Un corps qui tombe d'une certaine hauteur parcourt une verticale.

N° 9. *A plomb ou verticale.* Un solide est à plomb lorsqu'il est perpendiculaire à l'horizon. L'arête du solide qui est dans un même plan que le fil à plomb, ou qui se dégauchit parfaitement avec ce fil, est dit à plomb ; on peut mettre un solide à plomb sans que le fil à plomb soit en contact avec ce corps, il suffit que son arête ou sa surface soit parallèle à ce fil à plomb.

N° 10. Les solides qui n'ont point d'arête sont à plomb lorsque la verticale passe par l'axe de ce solide, de même que par une colonne ou un cône. Une sphère, lorsque la verticale passe par son centre, et le point sur lequel elle repose.

N° 11. *Des talus.* Lorsqu'un plan ou la face d'un solide n'est pas à plomb, elle est en talus ou en sur plomb. La ligne AB n'étant pas parallèle au fil à plomb AP est dite en talus, et la surface de ce plan est dite aussi plan incliné, lorsque ce plan est incliné au-dessous de l'angle de 45°.

Le *sur plomb* est opposé au talus et n'est pas à plomb. La droite AC, qui laisse un vide avec le fil à plomb AP, qui est en contact au point A seulement, est en sur plomb.

N° 12. *Porte à faux*. C'est un solide qui ne repose qu'en partie sur le support N° 9; tous les objets en saillie ou plus larges que leurs supports sont en porte à faux.

N° 13 et 14. *Ligne oblique*. Celle qui s'écarte de la situation horizontale ou verticale, telle que la diagonale 14. Une ligne oblique qui tombe sur une droite forme un angle obtus et un angle aigu, et la somme de ces angles est égale à deux droits. (*Voyez* N° 68.)

N° *a*. *Divergente*. Deux lignes obliques qui vont toujours en s'éloignant de plus en plus l'une de l'autre, si elles étaient continuées formeraient un angle aigu. Deux lignes qui suivent une direction contraire sont divergentes. Les lignes sont divergentes du côté où elles vont en s'écartant, et convergentes du côté opposé.

N° 15. *Angle*. Deux lignes obliques qui se rencontrent forment un angle quelconque;

ainsi, on appelle angle l'ouverture formée par deux lignes qui se rencontrent à un même point.

N° 16. *Observation sur les angles*. L'angle BAC est formé par deux lignes AB, AC, qui se rencontrent au point A. On désigne ordinairement un angle par la simple lettre A, placée à son sommet. Alors la lettre placée entre les deux autres répond au sommet. Les angles sont appelés rectilignes lorsque leurs côtés ou jambes, BA, CA, sont des lignes droites. (*Voyez* N° 32 à 35.)

Un angle n'est pas l'espace compris entre ses côtés, mais bien l'inclinaison que ces côtés ont, l'un par rapport à l'autre, à leur intersection A, n'importe la longueur des côtés, pourvu que leur direction ne change pas. Tout angle peut être mesuré par l'arc qui coupe BC et décrit du sommet A, ou par une droite telle que BD qui coupe l'angle BAC et en forme un triangle équilatéral ou isocèle.

N° 17. *Lignes parallèles*. Elles ne peuvent se rencontrer à quelque distance qu'on les suppose prolongées. Ainsi, les lignes DE, *de*, qui sont parallèles, ne formeraient point d'angle entre elles si elles étaient prolongées.

Une ligne droite AB, qui coupe des parallèles, se nomme *sécante*. L'intersection de la sécante avec les parallèles sert à mesurer les angles internes et les angles externes formés par son intersection en A et B.

Nº 18. Deux ou plusieurs cercles ou courbes, qui ont le même centre, sont dits *concentriques* et non parallèles.

Nº 12 à 14. *Des triangles.* Trois lignes qui se rencontrent et renferment un espace se nomment triangle. Si les trois côtés d'un triangle sont des lignes droites, on l'appelle triangle rectiligne. Si les côtés sont courbes, on l'appelle curviligne. Si le triangle est composé de lignes droites et de lignes courbes, le triangle est appelé mixtiligne. Le triangle est toujours supposé plan. Un triangle a trois angles, trois côtés. Les trois angles d'un triangle, pris ensemble, valent deux angles droits, ou 180°. (*Voyez* angles, Nº 68 et suivans.) Un triangle peut avoir trois angles aigus; mais il ne peut avoir qu'un seul angle droit, ou un seul angle obtus.

Base. On nomme base d'un triangle le côté sur lequel un triangle repose, tel que la droite AB.

Hypothénuse. Le côté opposé à l'angle droit, ou le plus grand côté du triangle, tel que AC.

Le triangle se distingue par la différence de ses angles ou de ses côtés.

Nº 19. Triangle *rectangle.* Il a un angle droit.

N° 20. Triangle *ambligone* ou *obtus angle*, est celui qui a un angle obtus.

N° 21. Triangle *oxygone*. Il a ses trois angles aigus.

N° 22. Triangle *équilatéral*. Il a ses trois côtés égaux.

N° 23. Triangle *isocèle*. Il a seulement deux côtés égaux.

N° 24. Triangle *scalène*. Il a ses trois côtés inégaux.

Des figures de quatre côtés. Il n'y a pas de figure particulière.

Les figures de quatre côtés reçoivent des dénominations particulières de la qualité de leurs angles et du rapport de leurs côtés.

Le *carré* (N°. 14) est une figure de quatre côtés égaux et de quatre angles droits.

Le *rectangle* (N° 3) est un carré long qui a ses angles droits, et seulement ses côtés opposés égaux.

Le *parallélogramme* (N° 3) a ses côtés opposés parallèles. Le losange est un parallélogramme qui a ses quatre côtés; mais seulement les angles opposés égaux étant obtus et les deux autres aigus.

Le *trapèze*. Le trapèze régulier a deux côtés égaux et les deux autres inégaux, mais parallèles : l'irrégulier a ses quatre côtés inégaux.

N° 25. Revenant à la ligne oblique, elle sert

à former des lignes brisées ou des figures irrégulières. Cette ligne est un assemblage de lignes droites qui forment des angles sans former une figure, puisqu'elles ne renferment pas d'espace.

N° 26. *Superficie rectiligne*. On forme son périmètre avec des lignes plus ou moins longues et qui, étant réunies, forment un polygone irrégulier.

N° 27. *Ligne courbe*. Elle est opposée à la ligne droite. On ne peut mener qu'une ligne droite par deux points donnés, tandis que l'on peut faire passer plusieurs courbes par ces deux points. La courbe peut être formée d'une portion de cercle si elle a été décrite d'un seul centre. Elle peut être une portion d'ellipse ou une portion de courbes mécaniques. S'il s'agit de courbes qui appartiennent à des figures régulières tracées sur un plan, et qu'on appelle à simple courbure, alors cette courbe prend le nom de la figure à laquelle elle se rapporte.

Cette courbe peut être tracée à la main, en suivant une suite de points donnés ; alors on la nomme *ligne tatée*.

N° 28. Le *cercle*. C'est l'espace renfermé par la circonférence décrite d'un seul centre placé au milieu de la figure. (*Voyez* les N° 58 et suivans.)

N° 29. *Ellipse*. C'est une des sections coniques : on obtient cette courbe en coupant obliquement, et non parallèle à la base, un cône droit ou un cylindre. (*Voyez* les N° 163 et 179.)

N° 30. *Ligne mixte*, formée de lignes droites et de lignes courbes.

N° 31. *Mixtiligne*, figure terminée en partie par des lignes droites et par des lignes courbes. On dit aussi des angles mixtes.

N° 32 et 33. *Angle mixtiligne*. Il est formé par une ligne droite et une ligne courbe.

N° 34 et 35. *Angle curviligne*, lorsque les lignes sont courbes.

N° 36. *Ligne sinueuse*, *tortueuse*, telles que les lignes qui servent à tracer le cours des rivières, la forme des côtes, quand elle se replie.

N° 37. *Figure curviligne*. Espace terminé par des lignes courbes. Lorsque les lignes courbes ne sont pas régulières, on les nomme figures sinueuses.

N° 38 et 39. *Ligne hélice*. C'est celle qui tourne autour d'un cylindre, et qui a pour base un cercle.

N° 40. *Ligne spirale*. Courbe qui se meut uniformément autour d'un point fixe, et fait plusieurs révolutions en s'éloignant de ce point. Cette courbe est dans un même plan.

N° 41. La *spirale* est la ligne que l'on trace autour d'un cône. (*Voyez* N° 163 et suivans.)

N° 42. *Direction*. Rayon direct, vision directe. Deux lignes sont directement l'une vis-à-vis de l'autre quand elles font partie d'une même ligne droite. On indique la direction par une flèche dont le dard est tourné du côté de la direction. Elle sert pour marquer le courant des rivières ; la direction de l'aiguille aimantée est pour exprimer le nord sur un plan topographique, etc.

N° 43. La *flèche dessinée* sur une des deux lignes tangentes aux deux cercles, indique la direction du mouvement que ces cercles et ces lignes doivent avoir.

N° 44. Dans les arts on a besoin d'indiquer, sur des épures, la direction de la lumière, suivant un angle donné. On se sert pour ce moyen d'une flèche que l'on dessine suivant l'angle et la direction donnés. On la dessine souvent en projection horizontale et en projection verticale, lorsque ce dessin comporte ces deux projections. La figure ne donne que la projection verticale. (*Voyez* les N° 525 et suivans.)

Des lignes ponctuées. Celles qui sont interrompues par des espaces égaux en parties tracées. Il y en a de différentes espèces, en raison du service auquel on les utilise ; dans tous les cas, elles se dessinent à l'encre et non au crayon. Les points doivent être fins, serrés, et bien nourris d'encre.

N° 45. La ligne ponctuée, qui sert à indiquer une direction ou à faire voir le point de départ et le point d'arrivée, se fait avec des points longs et non ronds. On forme quelquefois un petit crochet aux extrémités.

N° 46. *Ligne ponctuée*, qui indique où commence et où finit la longueur de la cote de 40 *pieds* pour la hauteur de la colonne, y compris base et chapiteau seulement.

N° 47. *Ligne ponctuée à point rond.* On l'emploie pour exprimer des objets cachés et recouverts par d'autres. Elle exprime les corps suspendus, ou indique la place d'un objet enlevé.

N° 48, 49 *et* 50. *Trait ou ligne ponctuée.* Dans des opérations où l'on met en usage beaucoup de lignes ponctuées, on les compose de petites lignes et de points ronds, suivant la nécessité. Les axes d'un plan peuvent être tracés comme le N° 48 ou 49; on trace aussi des limites, des contours et des divisions de plan avec ces lignes. Les contours des provinces et des grands états se tracent sur les cartes avec des lignes composées de points ronds et de points longs, souvent mêlés de petites croix; souvent on n'emploie que ces dernières pour former la ligne.

N° 51. *Des intersections.* On appelle ainsi le point où deux lignes, deux plans se coupent l'un sur l'autre. L'intersection de deux plans est une ligne droite. Le centre d'un cercle est dans l'intersection de deux de ces diamètres ; le point central d'une figure de quatre côtés est le point d'intersection de ses deux diagonales.

N° 52. Pour déterminer un centre ou une longueur assujettie à deux points, on prend avec un compas la longueur donnée, et des deux points donnés on décrit deux arcs, qui se coupent en un point qu'on nomme section.

N° 53. Dans les opérations du dessin, où l'on fait deux perpendiculaires, on doit conserver l'intersection de ces deux lignes, et ne jamais faire croiser les autres lignes qui doivent passer par ce point. Lorsque plusieurs rayons partent d'un même point, ils ne doivent pas se réunir à ce point : toutes ces lignes pourraient se confondre, et l'on ne retrouverait plus le centre dont on a besoin.

N° 54. *Règle et ligne droite.* Si sur le papier, on trace des lignes droites au moyen de règles ; les règles doivent être bien droites, ce qui est très-difficile à obtenir. Elles doivent être larges de 2 pouces au moins, de 4 à 5 lignes d'épaisseur, et de bois bien sec, afin d'être moins sujettes à se tourmenter ; les meilleures sont en bois de fer, d'ébène, de poirier ou de pommier.

Pour s'assurer si la règle est droite, on tire une ligne bien fine avec un triangle, ou on fait seulement trois points en se servant de l'épaisseur de la règle, un au milieu et les deux autres aux extrémités de la règle, tels que les points ABC; ensuite on renverse la règle, de manière que le bout placé en A se trouve en B, et l'on tire de nouveau une ligne très-fine le long de la règle. Si cette nouvelle ligne se confond avec la première ligne, ou que les trois points se trouvent exactement confondus avec l'arête de la règle, c'est une preuve de la bonté de la règle.

N° 55. La *règle*. Son profil doit être sans chanfrein, pour conduire avec plus d'exactitude le tire-ligne ou le crayon : il n'est même pas nécessaire, pour tirer des lignes avec la plume, d'avoir un chanfrein. Ainsi, la règle doit être épaisse et à vive arête.

N° 56. *Tracer des lignes droites sur le terrain*. Lorsqu'il s'agit de tracer une ligne droite sur le terrain entre deux points AD fort éloignés, mais visibles l'un de l'autre, il suffit de marquer un certain nombre de points dans la même direction. Pour y parvenir, on plantera au point A un jalon (1) qu'on aura soin de mettre bien à plomb; au moyen du fil à plomb F (*voyez* le N° 301), on en fixera un autre dans la direction de la même manière au point B, en sorte que le jalon fixé au point B couvre à l'œil l'objet placé en D, ce qui donnera les points ABD en ligne droite. On continuera par le point C.

---

(1) *Voyez* le N° 305.

Prolonger une ligne droite sur le terrain. Soient AB distance et direction données : on placera à ces points deux jalons, et l'on en placera successivement d'autres aux points CD, et à des intervalles convenables, en sorte que le jalon, fixé au point A, couvre à l'œil la file de tous les autres, qui seraient, par conséquent, tous dans un même plan et sur une même ligne droite. Pour mesurer la ligne droite sur le terrain, *voyez* le N° 326.

N° 57. *Deux droites* AB, CD, *étant données dans une direction quelconque, former une troisième ligne droite dans la direction des deux lignes données.* On placera sur AB et CD plusieurs jalons, tous à égale distance, tels que 1,2,3,4 ; on en fera placer un cinquième dans la direction de 1,3 et 2,4 ; on aura le point 5 à l'intersection des diagonales 1,3 2,4. On déterminera de la même manière le point 6 ; on prolongera, s'il est besoin, la petite distance 5,6, en plaçant un septième jalon dans la direction de 5 et 6, et on aura les droites AB, 7,6, CD, qui concourront à un même point. On doit bien s'exercer à placer les jalons ; car c'est une opération que l'on fait fréquemment, et d'où dépend l'exactitude des opérations en grand.

Leçon deuxième.

(PLANCHE Ire.)

DU CERCLE, DES ANGLES, DES PERPENDICULAIRES ET DES PARALLÈLES.

N° 58. Le cercle est une figure plane renfermée par une seule ligne qui retourne sur elle-même, et au milieu de laquelle est un point C qu'on nomme centre; il est situé de manière que les lignes qu'on en peut tirer à la circonférence, sont toutes égales. On obtient l'aire d'un cercle en multipliant la circonférence par le quart d diamètre (*voyez* N° 202). Les lignes les plus remarquables qui rencontrent la circonférence du cercle, sont :

Le diamètre DT. C'est une ligne droite qui passe par le centre d'un cercle, et qui est terminée de chaque côté par la circonférence. Le diamètre est la plus grande de toutes les *cordes*.

Rayon RC. C'est le demi-diamètre du cercle, ou la ligne tirée du centre du cercle à la circonférence; tous les rayons RC, CD, CT sont égaux.

Corde O. Ligne droite qui se termine par chacune de ses extrémités à la circonférence du cercle, sans passer par le centre.

Sécante. La ligne S qui coupe le cercle, est une sécante du cercle.

Tangente au cercle. Ligne T qui le rencontre extérieurement, et qui le touche sans le couper. La tangente n'a qu'un seul point de commun avec la circonférence du cercle ; la tangente est toujours perpendiculaire au rayon. On ne peut mener qu'une seule ligne droite tangente au cercle au même point T : on peut mener plusieurs courbes tangentes à un même point *t*.

N° 59. *Arc*. Portion quelconque de la circonférence du cercle ABD. La ligne AB est la corde, la ligne DC se nomme flèche ; toute perpendiculaire sur le milieu d'une corde passe par le centre du cercle, et par le milieu de l'arc sous-tendu par la corde.

N° 60. *De la division du cercle*. Toute circonférence, grande ou petite, se divise en 360 parties égales, qu'on nomme *degrés;* chaque degré se divise en 60 parties égales, qu'on appelle *minutes;* chaque minute se divise en 60 parties égales, qu'on nomme *secondes*. On représente le degré par ^{d} ou $^\circ$, la minute par ce signe $'$, la seconde par celui-ci $''$; en sorte que pour marquer 29 degrés 45 minutes 31 secondes, on écrit : $29^\circ,45',31''$.

Pour diviser le cercle, on élève deux perpendiculaires AB, ED, qui passent par le centre C : elles diviseront la circonférence en quatre, de chacune 90°. Si du centre A et E on fait une section en S, la droite qui passera par SC divisera l'arc EA en deux portions de 45°; si des points D et A comme centre avec le rayon DC, on coupe l'arc AD aux points R*r*, on aura divisé l'arc en trois parties, de chacune 30°. Le rayon porté six fois sur la circonférence, la divise en 60 degrés.

N° 61. *Déterminer le centre d'un cercle.* On mènera une corde quelconque AB (on vient de dire que toute perpendiculaire, sur le milieu d'une corde, passe par le centre du cercle et par le milieu de l'arc); si l'on divise le diamètre en deux, on aura le centre demandé. On peut former une seconde corde, et élever au milieu une perpendiculaire qui coupera la première en un point qui sera le centre du cercle.

N° 62. *L'arc* ABC *étant donné, trouver le centre* P *qui puisse finir le cercle.* Des points AB et BC, comme centre, soient faites deux intersections *fd* et *ce*. Les droites, qui passeront par *fd* et *ce*, se couperont en un point P, qui déterminera le centre d'un cercle, lequel sera la continuation de l'arc donné.

Ce problême est le même que celui de faire passer une circonférence par trois points qui ne sont pas en ligne droite ; ou, encore, que de décrire un cercle qui passe par trois points donnés.

N° 63. *On décrit les cercles ou les courbes de deux manières*, soit par un mouvement continu ou par plusieurs points. Le premier est plus prompt ; mais des motifs ou des obstacles forcent d'employer tous les moyens, pourvu que le résultat soit le même.

Le cercle sera décrit par un mouvement continu, si, suivant une certaine loi, une des pointes A d'un compas trace de suite la courbe ; la pointe, placée au centre C, ne fait pas changer de place au sommet de l'angle B, qui est la charnière du compas par où la main le tient et le fait tourner.

On se sert du compas pour les opérations du papier ; on se sert aussi, sur le papier, d'un compas à verge pour tracer les cercles qui ont plus d'un pied de rayon.

Dans la pratique, on se sert aussi d'un cordeau CE, soit double ou simple : dans ce dernier cas, il porte aux extrémités deux boucles ou deux anneaux ; l'un en C, pour tourner autour du centre ; et l'autre en E, pour placer le stylet. Ce procédé est moins exact que ceux déjà cités, vu que la corde se lâche ou se serre suivant la chaleur ou l'humidité, ou que l'on donne plus ou moins de tension à la corde.

On se sert aussi du simbleau CD (règle portant à ses extrémités un petit cran ou un anneau pour bien pivoter autour du centre C, et pour maintenir le stylet D), soit pour tracer des cercles horizontalement ou verticalement, pour servir à poser des pierres en tour creuse ou en tour ronde, ou pour obtenir la même retombée des claveaux d'une voûte. Pour tracer des cercles concentriques, on percera une série de trous dans l'axe de la règle, et à des distances convenables aux opérations que l'on veut faire.

N° 64. *Tracer un cercle ou un arc de cercle déterminé sans en connaître le centre.* Trois points donnés sur la circonférence du cercle C *d* A, on fera un angle égal à C *d*, *d* A, de quelque matière solide; si l'on ajoute deux pointes au point CA, et un crayon au sommet *d*, il tracera, en faisant glisser le côté de l'angle contre les points CA, l'arc cherché.

Si l'on prend trois nouveaux points sur l'arc tracé, dont deux soient le restant de l'angle à tracer, et de manière que son sommet soit du côté opposé à celui du point *d*, il décrira l'autre segment de cercle qui complète le cercle entier. Il peut arriver que l'on soit obligé de tracer un cercle dont le centre ne soit pas visible, ou qu'on ne puisse s'en servir ni faire heureusement cette application.

N° 65 et 66. *Déterminer une ligne droite*

égale à une courbe. Soit la courbe donnée AB ; on prendra à volonté une ouverture de compas, aussi petite que l'arc sera peu grand, tel que A1 que l'on portera jusqu'au bout de la courbe B, il restera une petite quantité B8 : on aura compassé huit parties, plus B8.

On tracera une droite indéfinie A*b*, N° 66, sur laquelle on portera les huit divisions, plus la petite portion restante B8 : on aura la droite A8′ égale à l'arc A8.

N° 67. *Développement du cercle dont* AB a *est la moitié ou la demi-circonférence.* On mènera une droite, sur laquelle on portera trois fois le diamètre A*a*, plus la cinquième partie de la corde AB : on aura DE égal à la circonférence, dont le rayon est CB.

Des Angles.

Deux lignes qui se rencontrent laissent entre elles une ouverture plus ou moins grande, qu'on appelle *angle*. L'angle est *rectiligne*, lorsque les lignes qui le forment sont droites; l'angle est *curviligne*, lorsque les lignes qui le forment sont courbes.

Les lignes qui forment l'angle se nomment *côtés* de l'angle, et le point où elles se rencontrent s'appelle *sommet*. Les lignes AB, CA sont les côtés de l'angle, et le point C en est le sommet.

N° 68. Pour concevoir la formation de l'angle rectiligne dont il est ici question, il faut se représenter qu'une ligne CA était couchée sur la ligne AB ; on a écarté la ligne CA de cette dernière ligne de la quantité CB, égal à 45°, tandis que le point A, sommet de l'angle, n'a pas bougé. La mesure naturelle de l'angle est donc l'arc compris entre les côtés, et qui a pour centre le point A.

Supposons AB prolongé en E, on aura les angles EAC et BAC, ainsi deux angles, dont l'un sera plus grand que l'autre. Un angle qui a pour mesure un arc moindre que le quart de la circonférence, tel que BAC, se nomme *aigu*, et CAE angle *obtus*, parce qu'il a pour mesure un arc de cercle plus grand que la circonférence. Il aura pour mesure 135°, complément de 45° de l'angle aigu. Une ligne CA, qui tombe sur une autre ligne BE, fait avec cette dernière deux angles qui, pris ensemble, valent toujours 180°, moitié de la circonférence.

On a donné le nom d'angle *droit* à celui qui est mesuré par un arc de 90°, égal au quart de la circonférence ; BAD, DAE, sont deux angles droits.

N° 69. *Diviser l'angle* ETF *en deux parties égales* (opération à faire en petit avec un compas). Du centre T on formera à volonté l'arc EF : de ces deux points, comme centre, on fera l'intersection G. La droite, qui passera par l'intersection G et le sommet de l'angle T, divisera l'angle en deux parties égales. La droite PT, perpendiculaire à TG, sera tangente au sommet de l'angle.

N°. 70. *Diviser l'angle* CAE (opération à faire sur le terrain). On prendra à volonté deux points D et B ; on portera une même dimension de D en E et de B en C ; on placera un point F dans la diagonale DC, EB ; la droite AF partagera l'angle en deux parties égales.

N° 71. *Les points* BAC *étant donnés sur le terrain, lever l'angle qu'ils forment entre eux.* On tendra un cordeau qui touchera CAB, et au moyen d'une sauterelle (1), que l'on ouvrira à volonté, jusqu'à ce que ses côtés soient en contact avec les deux branches du cordeau. On transportera cet angle sur le papier, au moyen de l'instrument qui servira de règle pour le tracer.

On peut également relever un angle sur un plan, et le rapporter sur le terrain.

---

(1) La sauterelle est composée de deux règles assemblées par un de leurs bouts en charnière, de sorte que ses deux branches sont mobiles, pour pouvoir prendre toute sorte d'angles et les rapporter sur un plan quelconque. La sauterelle, qu'on appelle aussi fausse équerre, sert encore à mesurer et à construire des angles : cet instrument rapporte les angles sans qu'on ait besoin de se servir du rapporteur.

N° 72. *Usage de la sauterelle pour la levée des angles solides.* Soit *c a b*, l'angle à mesurer; les deux règles étant parallèles, on obliquera le côté intérieur d'une des règles contre le côté *b a*, et on fera mouvoir l'autre côté, jusqu'à ce qu'il touche également le côté de l'angle dans toute la longueur de la règle.

Si le côté de l'angle à mesurer était irrégulier, il faudrait appliquer contre toutes les ondulations de la surface une grande règle, de manière à ce qu'elle embrassât un plus grand espace, et balançât les saillies et les cavités qui n'auraient pu être embrassées par la branche de la sauterelle. Cette branche DA s'appliquera contre la règle R *r*. On peut mesurer les angles intérieurement et extérieurement.

N° 73 et 74. *Construire un angle ou un triangle, les lignes a b, a c, c b étant données, soit sur le papier, soit sur le terrain.* On prendra avec un compas les distances *b c*, *c a;* la distance AD étant égale à *a d*, on portera les deux ouvertures de compas de D en C et de A en C. L'intersection C formera le triangle demandé. S'il fallait construire l'angle ACD, il faudrait prolonger CA et CD.

N° 75 et 76. *Construire un angle semblable à un angle donné.* Soit BAC, 76, l'angle donné; on formera avec un compas l'arc BC; on formera sur la droite AB, 75, l'arc BC; on prendra la corde BC 76, que l'on portera de B en C 75; la droite AC formera l'angle demandé.

N° 77. *Compas de proportion*. Instrument de mathématiques, qui sert à trouver les proportions entre les quantités de même espèce, comme entre lignes et lignes, surfaces et surfaces.

Le compas consiste en deux règles de métal, jointes ensemble par un clou et une charnière, en sorte que leur mouvement soit égal et uniforme; elles ont ordinairement 6 pouces de long, 6 à 7 lignes de large, sur lesquelles on trace six sortes de lignes, savoir : la ligne des parties égales, celle des plans et des polygones de l'autre côté; la ligne des cordes, celle des solides et celle des métaux, etc.

Usage de la ligne des cordes. Cette ligne est ainsi nommée parce qu'elle comprend les cordes de tous les degrés du demi-cercle. Soit proposé de faire, à l'extrémité A, N° 76 de la ligne A *b*, un angle de 40°. Je décris du point A un arc indéfini, dont je porte le rayon à l'ouverture de 60 à 60° sur la ligne des cordes, parce que le rayon d'un cercle est toujours égal à la corde de 60° du même cercle; je prends ensuite l'ouverture de la corde de 40°, et je la porte de *b* en *e* sur l'arc *b* A *e ;* enfin je tire, par le point A *c*, la droite qui donne l'angle de 40°.

N° 78. *Du rapporteur dans la mesure et la*

2

formation des angles. Mesurer l'angle EAB sur le papier: on appliquera le centre du *rapporteur* (1) sur le sommet de l'angle, et le rayon *e* A de l'instrument sur le côté EA du même angle; on remarquera sur le limbe du rapporteur, à quel degré l'autre côté AB coupe la circonférence. Si, par exemple, on trouve 40°, l'angle EAB est un angle de 40°.

Construire un angle de 17° *sur la droite* EA. On posera la droite *e* A de l'instrument sur la droite EA marquée sur le papier ; puis, avec la pointe d'un crayon ou celle d'un compas, que l'on posera au droit de D qui correspond à 17°, sur le rapporteur, on marquera ce point et le centre A, qui aura été donné d'avance : la droite, qui passera par ces deux points, formera l'angle de 17° avec EA.

Il en sera de même pour former l'angle de 45° CAF, ou de 135° EAC.

Des Perpendiculaires.

N° 79. Toute ligne droite, comme CD et AB,

---

(1) Le *rapporteur* est un demi-cercle de cuivre ou de corne, divisé en 180°. Le centre A de l'instrument est désigné par l'intersection de deux droites perpendiculaires. Les 180° se comptent de droite à gauche et de gauche à droite réciproquement ; ils sont marqués par des chiffres sur le bord de l'instrument.

qui coupera AB également éloignés des deux points AB, est dite perpendiculaire, puisque tous les points de la verticale CD, en sont également éloignés. Les angles ACD, ACE, forment deux angles droits qui ont chacun 90°.

Nº 80. Tous les angles inscrits sur le même arc ADB, A*b*B, et appuyés sur le diamètre AB, sont des angles droits, et ils ont tous pour mesure la demi-circonférence. Le cercle, divisé en quatre parties égales, ADBC, donne quatre angles droits, Nº 79.

Nº 81. *Élever une perpendiculaire au milieu d'une ligne* AB. Des points AB pris pour centre, décrivez successivement deux arcs qui se coupent en SC; la ligne qui passera par SC sera perpendiculaire à AB et la partagera en deux.

Nº 82. *Élever une perpendiculaire du point* C *sur la droite* AB. Soit C pris pour centre: faites avec la même ouverture de compas les deux arcs A et B. Du point A et B pris pour centre et avec une ouverture de compas plus grande que AC, décrivez deux arcs qui se coupent en un point S. La droite, qui passera par S et C, sera perpendiculaire à AB.

Nº 83. *D'un point* P *abaisser une perpendiculaire à la droite* AB. Du point P, avec la même ouverture de compas, décrivez l'arc AB, et des points AB pris pour centre, décrivez deux arcs qui se coupent en C. La droite, qui passera par P et C, sera perpendiculaire à AB.

N° 84. *Élever une perpendiculaire à l'extrémité de la droite* CD. Du point C, comme centre, faites à volonté l'arc DEF; du point D, avec le même rayon DC, faites les points EF; et des points EF, comme centre et avec la même ouverture de compas, faites deux arcs qui se coupent en S. La droite, qui passera par S et C, sera celle demandée.

Opération du terrain sans instrumens.

N° 85. *Élever une perpendiculaire à l'extrémité d'une ligne, au moyen d'un cordeau, d'une perche ou jalon.* On construira le triangle équilatéral, ABD, dont les trois côtés sont semblables, puis on portera sur le prolongement de AB une longueur semblable à AB; les points C et D détermineront la perpendiculaire à AC, que l'on peut prolonger au besoin.

N° 86 et 87. *Même problême.* Le triangle rectangle étant formé par trois longueurs, telles que ABC, dont l'une aura trois dimensions, l'autre quatre, et la troisième cinq; ces trois lignes, rapprochées par leurs extrémités, formeront un triangle rectangle, et la perpendiculaire à l'extrémité de la ligne A. Sur le terrain on prolongera l'angle en plaçant des jalons dans la direction de AB et de AC.

N° 88. *Du point* P *inaccessible, abaisser une perpendiculaire à* AB. Avec les moyens déjà connus, avec l'équerre (N° 298 ou 299), on élevera une perpendiculaire 1 et 2 sur AB; on placera des jalons aux points 1 et 2 et à égale distance du point A; on placera un troisième jalon dans la direction de AB et de 1P; un quatrième à l'intersection de 2P et de AB; un cinquième dans le prolongement de 4,1 et de 2,3; un sixième sur AB, dans la direction de 5P; on aura 5,6 perpendiculaire à AB et égal à 6P; on aura à la fois la perpendiculaire et la distance de P à 6. Si le terrain ne permettait pas de s'éloigner en dehors de la droite AB, on ferait l'opération suivante :

N° 89. *D'un point* P *inaccessible, abaisser une perpendiculaire à* AB. Sur AB on élevera ou on prendra à volonté un point sur AB, et l'on élevera une perpendiculaire, sur laquelle on portera deux distances semblables à ces points; on mettra deux jalons, 1 et 2; on placera un troisième jalon dans la direction AB et 2P; un quatrième à l'intersection de AP et 1,3; un cinquième sur AB, dans l'alignement de 4,2; un sixième dans les directions de 5P et de 4,3; on aura 6 et 5 perpendiculaire à AB, et moitié de PB (1).

---

(1) J'ai emprunté à l'ouvrage de M. Servois, professeur

N° 90. *Sur le papier élever une perpendiculaire au moyen de l'équerre* (1). Ce moyen très-expéditif, mais peu juste, fait qu'on ne doit jamais se servir de l'équerre pour élever des perpendiculaires, comme on a souvent, à tort, l'habitude de le faire; il vaut mieux se servir des moyens N° 81 et 82. La perpendiculaire, élevée au moyen du compas et de la règle, est beaucoup plus exacte; l'équerre servirait, avec beaucoup d'avantage, à mener des parallèles à d'autres déjà faites, si l'on veut, par les points *a b c*, tracer des lignes parallèles. La droite *d f* étant faite, et perpendiculaire à la droite formée par la règle; on mènera des parallèles à cette droite *df*, en ajustant le côté de l'équerre sur cette droite, ou en faisant glisser l'équerre le long de la règle; on peut aussi tracer les lignes avec le grand côté de l'équerre, qui, ordinairement, est coupé suivant un angle de 45°, dont on a souvent besoin dans les opérations du dessin.

---

de mathématiques aux écoles d'artillerie, plusieurs problêmes très-intéressans, et tous applicables aux opérations géométriques que l'on exécute sur le terrain. Voir, pour les démonstrations, l'ouvrage intitulé : *Solutions peu connues de différens problêmes de Géométrie-pratique.*

(1) Équerre, instrument en bois dur, de la forme du triangle E, avec un trou vers le milieu pour la prendre et la faire mouvoir avec plus de facilité. Il faut, pour s'en servir, une règle R.

N° 91. On se sert souvent, pour de petites opérations, de deux équerres, lorsqu'on ne veut pas déranger sa règle et son équerre E; on en place un second *e* que l'on fait couler contre le grand côté ou sur la perpendiculaire, suivant le besoin. Ce moyen pratique est suffisamment juste pour les opérations graphiques qui n'exigent pas une grande précision.

N° 92. Pour vérifier une équerre, il faut l'appliquer contre une règle et tracer une ligne bien légèrement, puis tourner l'équerre et voir si le même côté qui a été tourné sens dessus dessous, coïncide avec la ligne déjà tracée.

Des Parallèles.

On décrit des lignes parallèles, en élevant des perpendiculaires de même longueur, ou en déterminant deux points équidistans sur une même ligne. La droite, qui passera par les extrémités des perpendiculaires ou par les deux points, sera parallèle.

N° 93. *Mener une parallèle à la droite* AB. Des points AB comme centre, faites à volonté deux courbes *a b;* la droite tangente aux deux courbes sera la demandée.

N° 94. *Deux ou plusieurs lignes parallèles sont dites équidistantes*, lorsqu'elles sont interrompues et non continuées. Par exemple, quand elles sont formées par des jalons C *c*, ou des allées d'arbres parallèles, les arbres, dans une avenue, sont équidistans de leurs correspondans. Deux ou plusieurs points, situés dans des lignes perpendiculaires à deux parallèles, sont dits équidistans.

N° 95. *Par un point donné* P, *mener une parallèle à* AB. Du point P on mènera une droite sur la droite AB; puis on fera l'angle AP *b*, suivant le N° 75, égal à PAB; la droite P *b* sera parallèle à AB, puisque l'angle P 1,2 est égal à l'angle A 1,2.

Opération du terrain sans le secours d'instrumens.

N° 96. On mènera des parallèles en portant des divisions semblables de part et d'autre, à partir du sommet d'un angle, tel que A 1,2,3, B, A 1,2,3 C, et en réunissant les deux divisions opposées par une droite BC 3,3, etc., on aura autant de parallèles.

N° 97. Sur le terrain, on mènera des parallèles en prenant deux alignemens, B *b*, C *c*, sur un même objet, tel que le clocher A, qui en est éloigné de plusieurs lieues. Les droites seront d'autant plus sensiblement parallèles, que les points BC en seront à une plus grande distance, et que le point C se rapprochera de B. Si l'on fait C*c*, B *b* à égale distance, on aura CB et *b c* parallèles entre elles, ainsi que B *b* et C *c*.

La nuit, on se sert avec avantage d'une étoile observée en même temps.

N° 98. *Par le point* P, *mener une droite parallèle à* AB. On placera au milieu de AB un jalon 1; un deuxième jalon à volonté sur le prolongement de PB; un troisième à la rencontre de 1 2 et AP; un quatrième sur le prolongement de 3 B et de A 2; la droite, 4 P, sera la demandée.

N° 99. *Par un point* P, *mener une parallèle à deux parallèles* AB, *a b*. On marquera deux points sur les deux droites, de manière que le premier jalon 1, soit dans la direction de 1 A *a*, 1 B *b*; un deuxième à la rencontre de A *b* et B *a*; un troisième sur la direction de 2 1 et P *a*; un quatrième sur la direction de 3 *b* et *a* 1. Les points 4 et P seront parallèles à AB et à *a b*. (La droite *a b* peut être inaccessible.)

N° 100. *Par un point* A, *mener une parallèle à* BC *inaccessible*. On placera à volonté deux jalons, 1 et 2, dans la direction de AB et AC; un troisième à l'intersection de 1 C, 2 B; un quatrième à l'intersection des diagonales A 3 et 1,2; on fera 4,5 égal à 4 A, et 6,4 égal à 4,1 ; on en placera une septième à l'intersection de 2,3 et de 6,5, on prolongera 5,7 et l'on fera 7,8 égal à 7,5 ; on aura 8A parallèle à BC, et 8,5 parallèle à AB.

N° 101. *Au moyen de l'équerre, mener des parallèles sur le papier.* Une ligne *a* étant donnée, on ajustera un des côtés de l'équerre de manière à ce qu'il coïncide avec cette ligne ; on accotera la règle R sur l'autre côté de l'équerre E ; l'on fera glisser légèrement l'équerre le long de cette règle, en appuyant un peu dessus : on fera glisser l'équerre autant de fois qu'on aura besoin de mener de parallèles à *a*.

N° 102. La règle et l'équerre peuvent changer de position et prendre telle direction qu'on jugera convenable ; il suffit d'ajuster l'équerre et de mettre la règle au-dessous pour la faire glisser comme on vient de le dire.

3me Leçon.

Assemblage des plans.	Division des plans.	Réduction et transformation des plans.	Des Lignes proportionnelles.	Des Polygones.

Leçon troisième.

DES POLYGONES, DES LIGNES PROPORTIONNELLES. RÉDUCTION ET TRANSFORMATION DES PLANS, DIVISION DES PLANS, ASSEMBLAGE DES PLANS.

Des Polygones.

On distingue les polygones suivant le nombre de leurs côtés.

NOMBRE des CÔTÉS.	NOMS des FIGURES.	SOMME des ANGLES.	ANGLES des FIGURES.	ANGLES INTÉRIEURS.
III	Triangle.	180°	60	120
IV	Quadrilatère.	360	90	90
V	Pentagone.	540	108	72
VI	Hexagone.	720	128	60
VII	Heptagone.	900	128 4/7	51 3/7
VIII	Octogone.	1080	135	45
IX	Hénexagone.	1260	140	40
X	Décagone.	1440	144	30
XI	Undécagone.	1620	147 3/11	32 8/11
XII	Dodécagone.	1800	150	30

N° 103. *Règle pour former les angles des polygones réguliers.* En commençant par le triangle, on divisera 360° par 3, nombre de côté; on aura 120° pour l'angle intérieur, et 60° pour l'angle extérieur.

Pour le carré, on divisera 360 par 4, on aura 90° pour chacun des deux angles.

N° 104. *Pour le pentagone*, on divisera 360 par 5; on aura, pour l'angle intérieur, 72°; pour l'angle extérieur, on soustrait 72 de 180, ce qui donne 108°. Il en sera de même pour tous les autres polygones. *Exemple pour l'hexagone :*

$$360 \,\big|\, \frac{6}{60} \qquad \begin{array}{r} 180 \\ 60 \\ \hline 120 \end{array}$$

Pour trouver la somme totale des angles d'un polygone quelconque, multipliez le nombre de côtés par 180[d], ôtez de ce produit le nombre 360, le reste est la somme cherchée.

Inscrire un polygone régulier dans un cercle, au moyen du rapporteur : soit pris pour exemple un triangle. Le côté AB étant donné, et les angles calculés, on placera le centre d'un rapporteur aux extrémités de la ligne, comme on le voit en A, N° 78; on marquera avec une pointe ou un crayon, la division 60 et 30; si l'on veut avoir la direction du centre du polygone, on tracera une droite qui passera par A et 60, puis on portera A de AB en C; on aura CB égal à AB.

Il en sera de même pour les autres polygones.

Observations. Plus le polygone d'un contour déterminé a de côtés, plus son aire est grande.

Parmi les polygones réguliers de toutes les figures qui peuvent s'adapter sans laisser aucun vide, il n'y a que trois polygones qui soient susceptibles d'un arrangement parfait; tels que le triangle équilatéral, le carré et l'hexagone.

N° 105. *Du quadrilatère*. Le carré, à lui seul, peut couvrir une aire sans laisser de vide.

N° 106. *Du triangle*. Le triangle rectangle étant le quart ou la moitié du carré, il convient au même usage; il est même susceptible de former de fort belles combinaisons dans les compartimens, en prenant deux teintes différentes. Le carré et le triangle sont également susceptibles de s'unir.

Le triangle équilatéral peut couvrir une aire sans laisser de vide.

N° 107. Les hexagones sont également susceptibles d'arrangement parfait; ils ont la propriété de s'unir avec le carré, le triangle rectangle et le triangle équilatéral.

Les seuls polygones dont les angles sont susceptibles d'être parcourus ou tracés sans interruption, sont :

N° 108. L'étoile à cinq pointes.

N° 109. L'heptagone à sept pointes.

N° 110. L'octogone à huit pointes.

Les autres figures de polygones ne sont que des triangles superposés, tels que le numéro suivant :

N° 111. Hexagone formé par deux triangles équilatéraux.

De l'inscription des Polygones réguliers dans le cercle, au moyen de la règle et du compas.

N° 112 et 113. *Du compas de proportion pour tracer les polygones.* Pour inscrire un polygone régulier dans un cercle, on prendra avec un compas ordinaire le rayon du cercle CB, N° 112; on portera les deux pointes du compas, dont l'ouverture est égale à CB, de part et d'autre, sur la ligne des polygones, de 6 en 6, comme l'indique *b c*. L'angle du compas de proportion restant ainsi ouvert, on prendra, avec le compas ordinaire, la distance des nombres 5 à 5, pour avoir le côté du pentagone; de 7 à 7, pour avoir l'heptagone, et de 8 à 8, pour avoir l'octogone.

On se conduira d'une manière semblable pour inscrire tout autre polygone régulier dans un cercle donné.

N° 114. *Tracer géométriquement les différens polygones, au moyen de la règle et du compas.* Le rayon CB ou AC étant donné, si on le porte six fois sur la circonférence, on aura déterminé l'hexagone régulier, dont A 3 sera le côté. Si l'on double A 3, on aura le côté du triangle équilatéral inscrit au cercle B 3. Deux diamètres perpendiculaires diviseront le cercle en quatre parties égales, dont les cordes, A 4, B 4, sont les côtés du carré. Le rayon porté de A en 3, déterminera la corde du triangle, dont la moitié sera le côté de l'heptagone; c'est-à-dire que 3,7 et 7,3 ont chacun la septième partie de la circonférence.

Si l'on divise le rayon C 4 en deux au point D, et que l'on porte la distance DB de D en E, on aura BE pour côté du pentagone que l'on portera de B en 5.

Si l'on divise 3,5 en deux, on aura 3,15 et 5,15, pour côté du polygone, de 15 côtés.

Diviser le cercle en dix. On prendra le milieu de C 4, du point D milieu, comme centre, on fera l'arc CF; du centre B, on fera l'arc F 10; on aura B 10 pour côté du décagone.

Comme étude, on doit faire toutes les figures isolées, et non réunies comme dans la figure (N° 114).

Avec le compas seulement, déterminer sur la circonférence du cercle, quatre points, perpendiculaires entre eux, ou diviser la circonférence d'un cercle en quatre parties égales. Si l'on porte le rayon trois fois sur la circonférence IBG 3, et que, des points I et 3, comme centre avec un rayon égal à IG, soient décrits les arcs GH, BH, on aura la corde CH égale à la quatrième partie de la circonférence du cercle.

N° 115. *Connaissant le côté d'un polygone d'un nombre de côtés donné, trouver le centre du cercle qui lui est circonscriptible.* Le triangle, le carré et l'hexagone n'ont pas besoin d'être décrits. Soit AB le côté d'un pentagone donné à l'extrémité A ; on élevera la perpendiculaire AC égale à la moitié de AB, et l'on fera la droite BC ; on marquera CE égal à CA, et l'on portera BE de B en F ; du centre A, avec un rayon AF, on fera l'arc FG, et l'on fera BG égal à AB. BG sera le second côté du pentagone. Les deux perpendiculaires, sur le milieu de AB, BG, détermineront, par leur intersection, la position du centre H.

N° 116. *Tracé du dodécagone.* AB étant, comme dans la figure précédente, le côté donné, on cherchera, comme si on avait à construire un pentagone ; et, avec le rayon AF, on formera le triangle isocèle ABK ; le point K sera le centre du décagone.

N° 117. *Trouver le centre d'un octogone, AB étant donné pour côté.* On élevera, au milieu de AB, une perpendiculaire, et, du rayon CB, on décrira le demi-cercle BGA ; on fera CF égal à la moitié de la corde BG ; la perpendiculaire FE à AB déterminera la position du rayon DA, en menant la droite par les points AE.

N° 118. *Règle pour tous les polygones quel-*

conques. (Exemple pour le dodécagone). La ligne B étant prise pour côté du polygone, avec un rayon quelconque CD, on décrira un cercle dans lequel on formera le dodécagone ou le polygone demandé. Supposons que D *a* en soit le côté, on le prolongera au besoin, pour porter AB de *a* en *b*; on mènera par *b* une parallèle à CD; elle déterminera le centre du cercle C, dans lequel on inscrira le polygone demandé.

Des Lignes proportionnelles considérées dans le cercle.

N° 119. Lignes droites pour servir aux N° 120, 122 et 123.

N° 120. *Trouver une moyenne proportionnelle entre deux droites* A *d et* B *d*. Il faut joindre en une ligne droite AB les deux droites A *d* et B *d*; puis du point M, milieu de AB, pris pour centre, décrire la demi-circonférence ABC, et élever au point *d*, de jonction, des deux lignes données, la perpendiculaire *d*C : elle sera la moyenne proportionnelle demandée.

Toute perpendiculaire C *d*, abaissée d'un point C de la circonférence sur le diamètre AB, est moyenne proportionnelle entre les deux parties A *d* et B *d* de ce diamètre.

N° 121. *Application du* N° 120 *aux échelles,*

pour grandir ou diminuer en proportion. On propose de trouver une figure semblable à une autre, de manière que la surface de celle-ci soit à la surface de celle que l'on demande dans un rapport donné. On suppose qu'il n'y a rien de fait sur la figure.

On prendra sur une ligne droite deux parties A*d*, *d*B qui soient entre elles dans le rapport donné, et sur le milieu AB on décrira un demi-cercle; du point *d* on élevera l'ordonnée *d*C, et l'on tirera les cordes AC, CB; on portera sur la corde BC l'échelle BX de la première figure; et, par son extrémité X, on mènera une parallèle à la corde AC : la parallèle XM sera l'échelle demandée.

Construire une échelle géométrique double d'une autre. Supposons que la corde AC soit un nombre déterminé de l'échelle, on construira le carré AC *ef*. La diagonale A*f* sera l'échelle demandée, que l'on divisera en un même nombre de parties que l'échelle AC a été supposée en avoir.

Faire une échelle moitié de celle donnée AC. La moitié de la diagonale A*f* sera la grandeur demandée.

Construire une échelle qui soit le tiers d'une autre. Soit AB l'échelle proposée; on divisera cette ligne en trois parties égales; de l'une de ces divisions *d*, on élevera la perpendiculaire *d* C, qui coupe le demi-cercle en C; la corde CB sera l'échelle demandée.

Pour avoir une échelle le quart d'une autre, il faut diviser l'échelle connue en deux parties égales.

Faire une échelle quatre fois plus grande qu'une autre. Il faut doubler l'échelle connue; elle donnera le quadruple de celle donnée.

N° 122. *Trouver une quatrième proportionnelle à trois droites données* A*d*, B*d*, E*d*, N° 119. On formera un angle quelconque; puis, à partir du sommet de l'angle D, on fera D*b* égal à la droite B*d*, et sur l'autre jambe de l'angle, on fera D*a* égal à la droite A*d*, et D*e* égal à E*d*; on mènera, par le point *a*, une droite parallèle à *eb*; on aura *bf* quatrième proportionnelle.

N° 123. *Trouver une troisième proportionnelle à deux droites données* B*d*, E*d*. On forme l'angle comme dans la figure précédente, et l'on porte la droite E*d* de D en *e*, la longueur B*d* de D en *b* et de *b* en C; du point C on mène une parallèle à *cb*; la distance *cf* sera la demandée.

N° 124. *De l'angle de réduction, de deux plans, ou de deux échelles données.* On obtient cet angle en formant un triangle dont les côtés sont en proportions déterminées, et que l'on construit ainsi: on portera à un nombre de parties d'une échelle sur une ligne AB, 30 parties par exemple, et du centre A on décrira l'arc BC; on portera sur l'arc, de B en C, 30 parties de l'autre échelle; de l'intersection C, on mènera une droite AC; elle formera le triangle ABC, ou l'angle AC, AB demandé; au moyen de cet angle, on pourra réduire une échelle ou un plan à une autre dimension donnée. Pour l'application, *voyez* N° 121.

N° 125. *Construction de l'angle pour grandir.* Soient pris AB ou 30 parties de la petite échelle, que l'on portera sur une ligne droite en décrivant l'arc BC; du point B, on portera la corde BC égale à 30 parties de la grande échelle; on aura l'angle ABC demandé. Pour l'application, *voyez* N° 121.

Réduction ou transformation des Plans.

N° 125 *bis. Propriété du parallélogramme.* La diagonale AC le divise en deux triangles égaux, et la deuxième diagonale BD le divise en quatre. L'intersection I des deux diagonales donne le centre de la figure et le centre de gravité. La parallèle, qui passera par l'intersection I des diagonales, divisera le parallélogramme en deux parallélogrammes semblables.

Deux parallélogrammes ABcD, ABC*d*, qui ont même base et même hauteur, sont égaux : d'où il suit que deux triangles ABD, A*dc* ou ABc, compris entre les mêmes parallèles AB, D*c*, sont égaux. *On peut donc décrire, sur une ligne donnée, autant de triangles différens qu'on voudra, dont les aires sont égales.*

Avec cette figure et cette démonstration, on peut faire la solution des problêmes suivans : *Décrire un triangle isocèle* ABS, *égal au triangle rectangle* ABC, en prenant S, milieu de DC, pour sommet, et AD pour base.

On réduira pour triangle le parallélogramme ABCD, *en doublant la base, soit de* B *b ou de* A*a*, on aura *ab*S ou AB*cd*, égal à ABCD. On réduira de la même manière les triangles en parallélogrammes.

N° 126. *Réduire en triangle le parallélogramme* ABCD. On prolongera B*c*, et on fera C*c* égal à B*c*; la droite A*c* déterminera le triangle ABE égal au parallélogramme ABCD.

Il en sera de même pour réduire le parallélogramme en triangle.

N° 127. *Réduire en triangle un quadrilatère, ou réduire le triangle* ABC *en quadrilatère.* Du point M, milieu de BC, on mènera MA et sa parallèle CD : le quadrilatère AMCD sera égal au triangle ABC.

N° 128. *Abaisser le triangle* AED *à la hauteur* A*b*. On mènera, par le point *b*, une parallèle à AC ; on prolongera AE, et l'on fera DC parallèle à BE ; on aura DCA triangle égal à AEB,

Il en sera de même pour tous les triangles et rectangles opposés. Exemple :

N° 129. *Le triangle* AEC *étant donné, l'abaisser à la hauteur* P. Par le point P, soient menées une parallèle à AC et une droite A*e* ; du point E, une parallèle à A*e*, jusqu'à la rencontre du prolongement de AC ; la droite *ae* formera le triangle C*ae* égal à ACE.

N° 130. *Réduire le quadrilatère* ABCD *en parallélogramme rectangle.* Par les points A et C soient menées les parallèles à DB, et du milieu de BD la perpendiculaire *ba*, et par le point D une parallèle à *ba*; on aura le rectangle *abcd* égal à ABCD. En raisonnant de la même manière, on réduira les quadrilatères en parallélogrammes, les trapèzes en triangles, dont le sommet est donné ; on réduira les triangles en polygones, etc., etc.

N° 131. *Le parallélogramme* ABCD *étant donné, on propose de l'alonger de* C *en* E. Du point E on formera le rectangle EFBC; on mènera la diagonale FC, elle coupera AD en G : de ce point G on mènera une parallèle à CE, on aura le parallélogramme HCEI égal à ABCD.

Réduire le parallélogramme ABCD *à la largeur* HC. Par le point H, on mènera la parallèle à AB ; et par les points CG, la diagonale CF jusqu'à la rencontre de AB prolongé ; le point F donnera la hauteur du parallélogramme HCEI.

N° 132. *Décrire un carré égal au parallélogramme* ABCD. On prolongera BC et CD, on fera C*d* égal à CD; et, sur le diamètre B*d*, on décrira le demi-cercle B*d*E. La hauteur CE sera le côté du carré demandé.

N° 133. *Décrire un triangle égal au pentagone régulier* ABD. Sur AB prolongé, on portera deux fois AB de chaque côté; on mènera la droite *d*S, on aura le triangle *d*S*d* égal au pentagone.

N° 134. *Réduire le pentagone* ABCDE *en triangle sur le côté* AB. On prolongera EA, et l'on mènera au point D la parallèle à CE, on aura le triangle CFE égal à CDE, et le quadrilatère ABCF sera égal au pentagone. Du point C soit menée une parallèle à BF, on aura le triangle ABG égal au quadrilatère ABCF.

N° 135. *Réduire le pentagone* ABCDE *en trapèze, et ensuite en triangle, dont l'angle supérieur soit en* O. Du point B et du point E on fera la parallèle à CA et à DA, on aura le trapèze HDCF égal au pentagone. Soit fait le triangle DHI égal au triangle AHD, et GFC égal à FAC, on aura le triangle OGI égal au pentagone. (On peut varier la hauteur du triangle AO, et placer le sommet où l'on voudra.)

N° 136. *Décrire un hexagone régulier, égal au triangle* ABC. Les angles de chacun des six triangles, dont se compose l'hexagone, étant de 60°, on formera sur la base AB le triangle équilatéral ABD, dont les angles sont de 60°; on tracera les côtés BD et *a*D par l'angle C, on mènera une parallèle à AB; on aura déterminé le point E à la rencontre de BE. On prendra la sixième partie de EB, que l'on portera de B en F par le prolongement de BD. On décrira le demi-cercle *d*RF sur *d*F, pris comme diamètre; du point B on élevera la perpendiculaire BR, on aura BR pour rayon et côté de l'hexagone demandé. Si par le point P on mène une parallèle à BD, on déterminera l'angle BP *i* de 120°, qui appartient à l'hexagone; on aura le centre du cercle du polygone, en portant BR de B en C.

Observation. Le triangle ABE est égal au triangle ABC, et les côtés B*d*, BR, BF, sont moyennes proportionnelles; le triangle BP*c* est le sixième de l'hexagone, de même que le triangle BFA est la sixième partie du triangle ABE.

Pour réduire le triangle ou tout autre polygone, il faut former le triangle *a*BD comme il convient au polygone désiré, et diviser BE en autant de parties que doit en avoir le polygone; puis en porter une des parties de B en F.

N° 137. *Décrire un triangle égal à un cercle donné.* On décrira le rayon CB, et sa perpendiculaire AB égale à la circonférence du cercle, suivant le N° 67. Le triangle ABC sera le demandé.

N° 138. *Réduire en cercle le triangle* ABC.

On élèvera au milieu de AB la perpendiculaire DE, que l'on coupera par une parallèle à AB ; et, passant à l'angle C, on aura E pour centre d'un cercle que l'on décrira avec le rayon DE. On formera un triangle égal à ce cercle DGH, par le moyen ci-dessus; on aura *a*E*b* égal au cercle, D*b* en est la moitié ; on déterminera DI, moyenne proportionnelle, entre DB et D*b*; la parallèle à E*b*, passant par I, déterminera le centre du cercle en *e*, et le rayon D*e* décrira le cercle égal au triangle ABC.

N° 139. *Décrire une ellipse égale à un cercle donné.* Le diamètre du cercle AB, et le grand axe CD de l'ellipse, étant donnés perpendiculairement l'un à l'autre, on mènera la droite AD, et, à son milieu, la perpendiculaire PE ; on fera E*d* égal à ED ; *d*F sera le petit axe de l'ellipse, que l'on portera de F en H et de F en G. Connaissant les deux axes DC et GH de l'ellipse, on la tracera par un des moyens donnés N° 178.

Même figure. *Décrire un cercle égal à une ellipse donnée.* Le grand et le petit axe de l'ellipse étant donnés, on cherchera le moyen proportionnel de ces deux lignes CD et HG, que l'on portera de F en A : on aura le rayon du cercle demandé.

N° 140. *Décrire un carré égal à un cercle.* Soit le cercle dont BE est le diamètre, et BC, CD, DE des cordes égales au rayon ; on coupera le diamètre par les cordes AC, AD, on aura les points *c* R; on fera *cr* égal à *c*R, on aura A*r* pour côté du carré demandé, A*r* sera égal au quart de la circonférence à un 5000e près.

Division des Plans.

N° 141. *Partager le triangle* ABC *en trois parties égales, par des lignes tirées à l'un des angles.* On divisera la base AB en trois parties égales 1 et 2; par ces deux points on mènera des droites 1 C, 2 C; elles formeront le partage demandé.

Même problème, les lignes étant dirigées au point F. Le triangle étant déjà divisé en trois aux points 1, 2, on mènera, par le point F, une parallèle à 1 C et à 2 C; on aura EG, LH, qui diviseront AB en trois parties égales, AEG, BLH, et GCHLE.

N° 142. *Partager le triangle* ABC *en trois parties égales, par des lignes tirées au point* D. On mènera la droite DC, et, après avoir divisé la base AB en trois parties égales, on mènera aux points 1 et 2 les parallèles à DC; on aura GH par ces deux points; on mènera les droites HD, DG; elles feront le partage demandé par les triangles AGD, BDH, et le trapèze DHCG.

N° 143. *Partager en trois parties égales le*

triangle AFC, *les points* DE *étant donnés à volonté sur la base* AF. On divisera AF en trois parties égales 1 et 2; on mènera, par les points 1 C, 2 C, des droites qui diviseront le triangle AFC, BC en trois triangles égaux. Si on mène, par les points 1 et 2, des parallèles à DC, EC, on aura les droites BE, GD, qui diviseront le triangle en trois parties égales, c'est-à-dire que BEF est égal à G, DEB et CADG égal à BEF.

N° 144. *Partager le triangle* ABC *en trois parties égales, par des lignes parallèles à la base* AB. On divisera BC en trois parties égales aux points 1 et 2; de ces points, on élèvera des perpendiculaires jusqu'à la rencontre du demi-cercle; et du point C, comme centre, on décrira les arcs DF, EG, et, par les points FG, on mènera des parallèles à AB. Elles diviseront le triangle ABC en trois parties égales.

N° 145. *Le carré* ABCD *étant donné, le diviser en trois parties égales*. Soit divisé AB en trois parties égales; aux points 1 et 2, on mènera, par ces points, des droites parallèles aux côtés. Elles diviseront le carré en trois rectangles égaux.

Si on voulait trois carrés semblables au lieu de trois parallélogrammes, on ferait sur CD le demi-cercle CED, on prolongerait la droite F en E: la corde DE sera le côté d'un carré égal aux parallélogrammes, et le tiers du carré ABCD ; la corde EC donnera le côté d'un carré double du premier, ou des deux tiers de ABCD. Il en sera de même de l'hexagone suivant et du cercle N° 149.

N° 146. *Partager l'hexagone régulier en quatre parties égales, par des lignes parallèles aux côtés de l'hexagone.* On réduira en triangle le quadrilatère ABCD, moitié de l'hexagone, en prolongeant AB et DC en E; par le point B, on mènera une parallèle à AC, on élèvera une perpendiculaire sur DF et à son milieu; et du centre E, avec un rayon égal à EG, on décrira l'arc GH, et par le point H, une parallèle à AB; elle divisera le quadrilatère en deux; on portera DH de D h, pour avoir la division du pentagone entier.

N° 147. *Partager en trois parties égales un pentagone régulier, par des lignes tirées du centre.* On divisera chaque côté du pentagone en trois parties égales; on mènera par trois des divisions de cinq en cinq : les rayons AC, BC et DC diviseront le pentagone demandé.

N° 148. *Application de ce que l'on vient de dire*, N° 145 à 147. La même chose doit s'entendre de tout autre plan; si l'on fait le demi-cercle ABC sur un des côtés de l'hexagone, et que l'on prolonge AD, on aura AB pour le côté de l'hexagone qui sera le tiers de l'hexagone, N° 148.

N° 149. *Faire un cercle en proportion d'un autre donné.* Le cercle N° 149 est triple du cercle C, puisqu'il est construit suivant la proportion N° 145.

N° 150. *Diviser le parallélogramme* ABCD *en quatre parties égales par des lignes dirigées au point* E. On mènera une parallèle au milieu de DA et de CB, que l'on coupera en quatre parties égales GF; les droites qui passeront par EF, EG, diviseront le parallélogramme demandé.

Assemblage des Plans, les agrandir ou les diminuer, les retrancher les uns des autres.

N° 151. *Doubler le carré* ABCD. On prolongera AD, AB et la diagonale AC; du centre A on décrira l'arc CE; la distance AE est le côté du carré demandé EFG : du centre A, soit décrit l'arc FH, on aura AH pour côté du carré double de EFG et quadruple de ABCD; en continuant, on aura IA pour le côté d'un carré double de AH, et ainsi de suite.

N° 152. *Doubler un carré ou le retrancher d'un autre, les figures étant concentriques.* On opérera comme à la figure précédente.

N° 153. *Doubler, tripler, quadrupler, etc., le polygone* ABCD. Par un des angles tel que A, on prolongera les droites AB, AD, AC, AE; on abaissera la perpendiculaire B*a* égale à AB; du centre A on décrira l'arc *a b*, et du point *b* on mènera la parallèle à BD, de *d*, la parallèle à DE, etc.; on aura le pentagone semblable au premier. En continuant ainsi, on obtiendra toutes les autres proportions demandées.

N° 154. *Multiplier la surface d'un cercle, autant qu'on voudra, en parties proportionnelles.* On prolongera le rayon AR hors du cercle, et, du point R, on abaissera la perpendiculaire R*a* égale à AR, et du centre A, avec un rayon égal à A *a*, on décrira l'arc double du premier. En continuant la même opération sur le second cercle, on aura autant de cercles concentriques et égaux qu'on en voudra.

N° 155. *Décrire un cercle égal à trois cercles donnés* ABC. On formera l'angle droit avec les droites DE, EF, l'une égale au diamètre du cercle A, et l'autre à celui du cercle B; on fera FG égal au diamètre C, et perpendiculaire à FD; on aura GD pour diamètre du cercle demandé.

N° 156. *Retrancher du plan* ABCD *la valeur du polygone* P. On réduira le carré en triangle ADE, au moyen du N° 127, et le plan P, en triangle au moyen du N° 134 et de la hauteur du triangle AD; on fera EF égal à *ef*; on aura le triangle EFD égal à la figure P;

on formera sur AF le parallélogramme FGHA, égal au triangle.

N° 157. *Retrancher du triangle* ABC *la valeur du polygone* P. Par le sommet C on mènera une parallèle à la base AB; on réduira le polygone E en triangle, dont la hauteur sera DE, au moyen du N° 134; on fera A *d* égal à D *a*; on aura le triangle AC *d*, triangle retranché égal au polygone P.

DES OVALES, DES ELLIPSES, DES TANGENTES, DES SECTIONS CONIQUES ET DES COURBES MÉCANIQUES.

Des Ovales et des anses de Paniers.

N° 158. *Tracer un ovale géométrique.* Le grand axe AB seulement étant donné, on fera deux cercles avec un rayon égal au tiers de AB. Les intersections SS détermineront les centres du segment de cercle qui termine l'ovale en TT, dont les points tangens sont déterminés par les cordes SC prolongées.

N° 159. *Les deux cercles* Aa, Bb *étant donnés, décrire un ovale.* On peut satisfaire aux conditions d'une infinité de manières par le même principe. Des centres CC, faites les droites CD égales entre elles. On les prolongera en AB ; du centre D, avec le rayon AD, on terminera l'arc AB, qui sera tangent aux deux premiers cercles.

N° 160. *Tracer l'ovale anse de panier.* La longueur AB et la hauteur *b*E étant données, on décrira, aux extrémités du grand axe AB,

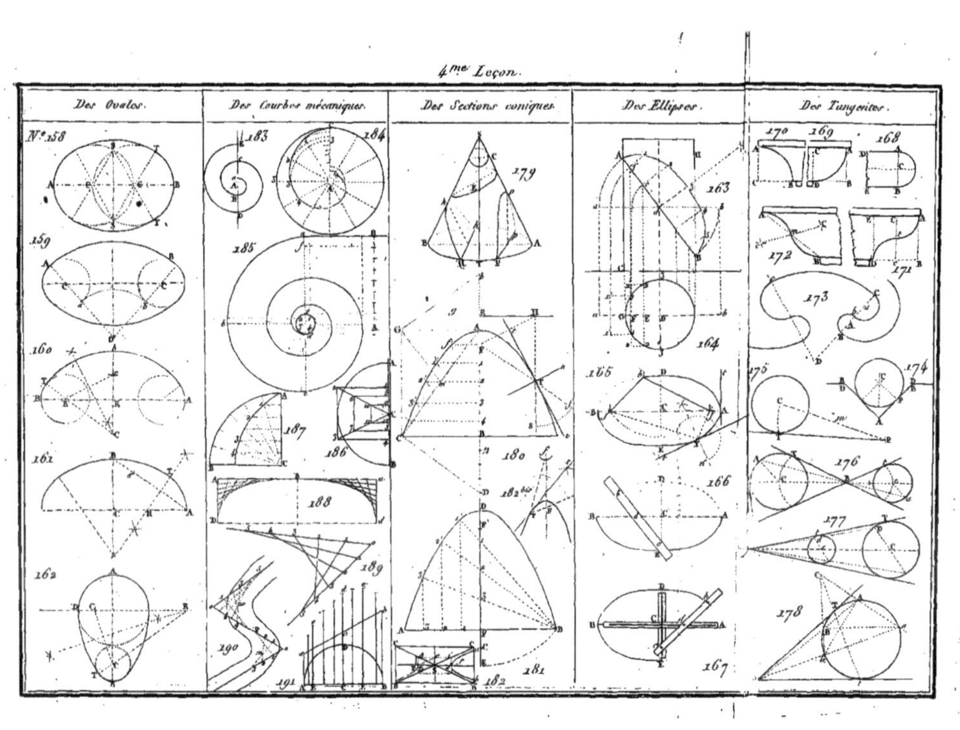
4me Leçon.
Des Ovales.
Des Courbes mécaniques.
Des Sections coniques.
Des Ellipses.
Des Tangentes.
N.° 158
159
160
161
162
183
184
185
186
187
188
189
190
191
179
180
181
182
182 bis
163
164
165
166
167
168
169
170
171
172
173
174
175
176
177
178

un premier cercle dont le rayon sera moindre que la hauteur *b*E. On fera sur le petit axe *br* égal à BR, et sur la droite R*r*; on élèvera la perpendiculaire jusqu'à la rencontre du petit axe prolongé, ce qui déterminera le centre du cercle TB, complément de l'anse de panier. Avec le même rayon CT on terminera l'autre côté.

Cette figure est une des plus belles et des plus utiles dans la pratique.

N° 161. *Construction géométrique de l'anse de panier à trois centres.* Le triangle rectangle ABC étant donné, on portera la différence des deux demi-axes AC et BC de B en *a*, et l'on élèvera sur A*a* la perpendiculaire T*r*; on aura les centres aux intersections des rayons R*r* placés sur le grand et le petit axe. Le rayon RA décrira le premier, et le rayon *r*T décrira le deuxième.

N° 162. *Tracer la courbe de l'ovale avec plusieurs cercles, la hauteur* AB *étant donnée.* On décrira un premier cercle avec un rayon égal au tiers de la hauteur AB; un deuxième cercle, avec un rayon moitié du premier; puis on portera le petit rayon *c*B sur le grand diamètre de D en C des points C*c*. On élèvera la perpendiculaire jusqu'à la rencontre du grand diamètre prolongé en R : on aura le centre d'une courbe tangente aux deux cercles en DT, et dont le rayon est RT.

Des Ellipses.

L'ellipse est une des cinq sections coniques ; elle ressemble à l'ovale, mais elle en diffère. On obtient cette figure en coupant un cône droit ou un cylindre par un plan qui traverse obliquement l'un ou l'autre de ces solides, c'est-à-dire, non parallèlement à la base, qui ne passe pas par le sommet, et qui ne rencontre point la base.

Cette courbe a deux axes inégaux, le centre d'une ellipse et le point C, N° 166, dans lequel se coupent les deux axes. Les deux foyers seront démontrés au N° 165.

N° 163 et 164. *Tracé de l'ellipse, au moyen d'une section faite dans un cylindre.* Soit le cylindre AHBC en projection verticale, et dont le cercle N° 164 est la projection horizontale, et AB la section faite dans cette première figure ; soit pris à volonté le cercle des points G 1, 2, 3, et que par chacun de ces points on mène des parallèles aux axes D*a*, D*d* et *d*3 ; les parallèles à D*d* rencontreront la droite AB en *def*. Si l'on fait *ab*, N° 164, égal à AB avec tous les points de divisions qui se trouvent dessus, on aura pour grand axe de l'ellipse AB, *ab*, et pour petit axe 3,3 ou *d*3 égal à D3. Par les points *fed*, soient faites les perpendiculaires *d*3, *e*2, *f*1, égales à D3, E2, F1 ;

on aura les points A 1,2 à B pour points de la demi-ellipse sur le grand axe AB; et, dans la projection horizontale, les points 3,2,1,*a*, détermineront des points de la demi-ellipse sur le petit axe.

N° 165. *Tracer une ellipse sur le terrain avec un cordeau.* AB et DE étant donnés, on portera la distance CB de D, ou de E en *ff*, pour avoir les deux foyers; on y placera deux piquets, puis on placera une corde double, de manière que les deux bouts commencent aux deux piquets *ff*, et viennent finir à l'éxtrémité du grand axe B; on placera à ce dernier point, où la corde est double, un piquet ou un crayon suivant la nature de l'ouvrage; on fera tourner le troisième piquet de B en *b*, D, A, et jusqu'à ce que le crayon revienne au point d'où il est parti.

Trouver les foyers d'une ellipse qui est déjà tracée. On portera BC moitié du grand axe de D en *ff*; il sera aussi facile de tracer l'ellipse. Les foyers étant donnés, il faudrait ajouter à la distance *f*A ou *f*B.

Déterminer la tangente à l'ellipse, aux points A et T donnés sur la courbe elliptique. Les foyers *ff* étant déterminés, ainsi qu'on vient de le dire au N° 165 du premier point A, on élèvera une perpendiculaire à AB; la droite A*t* sera la tangente du point T. Soient menées aux foyers les droites fT, on divisera l'angle fTf en deux au point T ; et la perpendiculaire Tt, à cette ligne, sera la tangente demandée.

Normale. La ligne Tn, élevée perpendiculairement sur la tangente, est une normale ; elle divise l'angle fTf en deux.

N° 166. *Tracer l'ellipse sur le papier.* (Ce procédé est le plus utile, et celui que l'on doit mettre de préférence en pratique.) Il suffit de connaître les deux axes AB et DE, et de marquer sur une règle ou une bande de papier, trois points *cdb*, égal à CDB ; puis on fera glisser la bande de papier, de manière à ce que *cd* soient, l'un sur le grand axe, et l'autre sur le petit. A chaque mouvement que l'on fera faire à *cd*, le point *b* donnera un nouveau point de l'ellipse, et la ligne qui passera par tous les points déterminés par *b*, sera l'ellipse. Les points *d c*, étant en contact avec les axes AB, DE, seront des points de la courbe demandée.

N° 167. *Tracer une ellipse au moyen d'un instrument connu et mal désigné sous le nom de compas elliptique.* Cet instrument est composé d'une branche carrée de métal ou de bois bien dressé, auquel sont ajustées trois boîtes en cuivre *cdb* ; elles sont mobiles et à queue d'aronde ou à épaulement. La coulisse *b* peut porter une pointe, un tire-ligne ou un porte-crayon, suivant l'usage que l'on en voudra faire ; deux règles de métal ou de bois, portent dans le milieu de leur largeur une rainure de la forme de l'épaulement que l'on aura donné aux boites *cd;* les deux règles sont assemblées en croix, et les coulisses bien perpendiculaires l'une à l'autre. On fixera les boites suivant les axes de l'ellipse, N° 166.

Des Tangentes.

La tangente est une ligne perpendiculaire au rayon d'un cercle, N° 58; on mène des tangentes à toutes les courbes; pour les ellipses et autres, *voyez* les N° 165, 180, et particulièrement 178.

N° 168. *Mener un cercle tangent à deux droites* DA, EB. On élèvera la perpendiculaire BA, que l'on divisera en deux parties égales au point C; l'arc décrit avec le rayon BC sera tangent aux deux droites données.

N° 169. *Les parallèles* AC, BD *étant données, décrire un arc tangent au point* D. On élèvera la perpendiculaire DC, et la courbe décrite avec le rayon CD, sera la demandée.

Il y a deux solutions du même problème.

N° 170. *Deux parallèles étant données, décrire un arc tangent au point* A. On formera un carré où l'on abaissera la perpendiculaire

AC sur CB; le rayon CA décrira la courbe demandée.

N° 171. *Deux parallèles étant données, décrire une moulure avec deux arcs de cercle tangens.* On formera le rectangle ABDE ; on mènera une droite parallèle à AB, et, au milieu de AE, on aura les rayons CA et *c* D, qui décriront les deux courbes tangentes au point *t*.

N° 172. *Les points AB étant donnés, mener deux arcs tangens à ces deux points.* On mènera la droite AB; on marquera le milieu *m*, et, avec le rayon *m* A, *m* B, on formera les intersections C *c*, qui serviront de centre pour tracer les deux courbes.

N° 173. *Condition des tangentes; la droite* B *b étant donnée, décrire un demi-cercle qui passe par ces deux points.* On en prendra le milieu au point A, et le rayon AB décrira le demi-cercle demandé.

Avec un rayon b a, *décrire un demi-cercle tangent au point* b. On prolongera B *b* indéfiniment, on portera sur cette droite *b a*, et l'on décrira l'arc *b* C demandé.

Du point C, *avec un rayon* CD, *décrire une courbe tangente au point* C. On prolongera indéfiniment CB, sur lequel on portera CD, et, du centre D, on décrira l'arc C *c*, tangent au point C; si la longueur de l'arc a été déterminée en *c*, il faudra tirer le rayon *c* D, sur lequel on recommencera à placer de nouveau les centres des cercles qu'il faudra décrire.

Avec le rayon DC, on peut mener de deux manières au point C l'arc C *c*; car, si l'on portait le rayon DC sur le prolongement de *b* C, au lieu de le porter sur le prolongement CB, on aurait la courbe en dehors au lieu de l'avoir en dedans.

N° 174. *L'angle* BAD *étant donné, mener un cercle tangent au point* P. De ce point on élèvera la perpendiculaire sur AD; le centre du cercle sera sur cette ligne, et l'intersection de la droite, qui divisera l'angle en deux, N° 69, déterminera le centre du cercle dont CP est le rayon.

N° 175. *Par un point* P, *mener une droite tangente à un cercle.* Du centre C et du point P on mènera une droite, dont on prendra le milieu *m*; de ce point, avec un rayon égal à *m* C on décrira l'arc CT; le point T sera le point de contact de la tangente qui passera par le point P.

N° 176. *Mener une tangente à deux cercles donnés.* Ce problème a deux solutions; la première est de faire passer la tangente intérieurement des deux cercles; des centres C *c* soient menées deux parallèles opposées AC, *ca*; la droite A*a* coupera l'axe C *c* au point B; de ce point, comme centre, avec un rayon BC, soient faits les arcs CT *c t;* on aura les points de contact T *t*, par où il faudra faire passer la droite tangente.

N° 177. *Mener une tangente extérieurement à deux cercles.* Du centre C*c* soient menées deux parallèles jusqu'à la rencontre de la circonférence D *d;* de ces deux points soit menée une droite jusqu'à la rencontre de la droite qui passe par les centres des cercles; on aura le point S pour point de concours des tangentes T *t*.

N° 178. *Méthode générale et simple pour mener une tangente à une section conique, par un point pris au dehors de cette courbe, sans faire usage du centre, des foyers, des directrices, des axes, etc.; opération de la règle. On ne va faire qu'une seule application au cercle* (1).

Soit P le point donné; on coupera la courbe par deux sécantes AP, *a* P, qui concourent au même point P; on tracera les cordes A *b*, *a* B, et l'on prolongera les cordes A *a*, B *b;* le point C, où elle se croise avec la rencontre des cordes A *b*, B *a*, donnera la direction de la

(1) Pour plus de développement et de démonstration de ce beau problème, voir le Mémoire de M. Brianchon, *Journal de l'École polytechnique*, tome 2.

droite C t, ainsi qu'elle déterminera rigoureusement les points de tangente T t.

La corde T t étant donnée, on déterminera le point de concours P des tangentes TP, P t, en formant a C b', dont le sommet se trouve sur le prolongement de T t; le prolongement des cordes AB, a b, déterminera le point P.

Des Sections coniques.

179. Le cône est un solide qui a pour base un cercle, et qui se termine par le haut en une pointe qu'on nomme *sommet*. Le cône est engendré par le mouvement d'une droite SA, qui tourne autour du point immobile S qu'on nomme sommet, et qui touche, par son autre extrémité, la base ou la circonférence d'un cercle ATB. On appelle *axe du cône* la droite tirée de son sommet au centre de sa base.

Les sections coniques sont des lignes qui naissent de la section d'un cône par un plan.

Si l'on coupe un cône droit par un plan ST qui passe par le sommet et vienne rencontrer le centre de la base, la section sera un *triangle* égal au contour du cône.

Si le plan coupant est parallèle à la base du cône, la section sera un *cercle* C.

Si le plan est incliné à la base du cône, et

qu'il en coupe les côtés opposés, la section sera une *ellipse* E.

Si le plan coupant continue à s'incliner à la base du cône, de manière qu'il devienne parallèle à l'un des côtés du cône H*hh*, la section sera une *parabole*.

Si le plan coupant est parallèle à l'axe, tel que P*pp*, on aura une *hyperbole* : voilà les cinq générations des sections coniques. Le triangle et le cercle ayant été décrits, ainsi que l'ellipse, on n'en parlera plus.

N° 186. *Parabole*, courbe, dont chaque point est également éloigné d'un point fixe F qu'on nomme *foyer*, et d'une ligne droite EH aussi fixe, qu'on appelle *directrice*. Si l'on tire de chaque point pris sur la courbe, tel que *f*, une perpendiculaire à la directrice *g*H, cette perpendiculaire sera égale à la ligne *f*F, qu'on appelle *rayon vecteur*. Ainsi, pour avoir chaque point de la parabole, on divisera l'axe AB en un nombre quelconque de parties; et par tous les points 1, 2, 3, 4 on mènera des perpendiculaires à AB; on prendra E 1, E 2, que l'on portera de F 1′, F 2′, etc.; les points A*f* 1′, 2′, 3′, C, seront des points de la parabole.

Tracer une parabole, la hauteur AB *et la largeur* BC *étant données*. On vient de voir que les opérations étaient toutes assujetties au foyer. Il faut donc commencer par déterminer le point

F ; soient menées la droite AC et sa perpendiculaire CD ; on prendra le quart de BD pour la distance AF et AE : ces deux points étant connus, on opérera comme on vient de voir.

Mener une tangente à la parabole, le point T *étant donné*. On mènera par ce point une parallèle TH à l'axe, jusqu'à la rencontre de la directrice EH ; du point H on mènera la droite HF et la perpendiculaire T *t*, sur cette ligne FH sera la tangente, et la perpendiculaire T *n* sur T *t* la normale.

Autre moyen. Du point T soit la droite F*f*, passant par le foyer et le point T ; de ce point T soit faite une parallèle à l'axe AB. La droite T*t*, qui divisera l'angle TS*f* en deux, sera tangente à la courbe.

N° 181. *Hyperbole*. Pour tracer cette courbe, DF et FA ou FB étant donnés, on divisera AF et FD en un même nombre de parties 1,2,3 ; puis par les divisions sur AF on mènera des parallèles à FD, et par les points de divisions sur DF, les droites avec le point B, jusqu'à la rencontre des parallèles à FD ; on aura les points D 1′ 2′ 3′ A, pour points de la courbe hyperbolique.

Déterminer le foyer de l'hyperbole, les points DFB *étant donnés*. Du milieu de DF, comme centre, on décrira la courbe BE ; on prendra FC, moitié de FE, que l'on portera de D en F'; le point F' sera le foyer de l'hyperbole.

N° 182. *Déterminer les foyers* Ff *d'une hyperbole*. (Observations). L'hyperbole est une courbe dont la différence des deux distances de chacun des points a deux points fixes, F*f*, nommés *foyers*., placés sur une ligne droite donnée *d*D, de manière que *df* égalent DF. Les points F*f* sont également éloignés de la ligne D*d*, qui s'appelle le premier axe de l'hyperbole. Le point S, milieu de D *d*, se nomme le *centre*, qui est la réunion de deux cônes droits opposés par le sommet.

Les points Dd *étant donnés, déterminer les foyers de l'hyperbole.*

Le cône BSC *étant donné, ainsi que la section* abd, *déterminer le foyer de l'hyperbole*. Soient faits sur le même axe deux cônes égaux, dont l'un a pour projection verticale BSC : par les points DS*d*, on mènera des perpendiculaires à l'axe; elles détermineront les points *ii*, par la rencontre des perpendiculaires avec le côté du cône; on mènera des parallèles à l'axe; du point *e*, comme centre avec le rayon *e*D, on fera l'arc D*h*, et du point *h* on abaissera la perpendiculaire *h*F; le point F sera le *foyer* demandé.

N° 182 bis. *Mener une tangente à l'hyperbole*. La position des foyers F*f* étant connue, et, s'ils ne l'étaient pas, on les déterminerait comme à la figure précédente; et, le point de tangente T étant donné sur la courbe, on formera l'angle FT*f*. que l'on divisera en deux (N° 69). Cette droite T*t* sera la tangente demandée.

Des Courbes mécaniques et géométriques.

Les courbes *mécaniques* sont celles que l'on décrit par deux mouvemens séparés, qui ne dépendent pas l'un de l'autre, Les courbes *géométriques* sont celles qui se décrivent à la règle et au compas. Le cercle et l'ellipse ayant été traités, on n'en parlera pas.

N° 183. *Spirale tracée au compas.* Soient pris à volonté, sur une droite, le rayon A*a*, et décrit le demi-cercle *a*B du centre *a*, avec un rayon double du premier; on décrira l'arc BC; du centre A avec le rayon AC, l'arc CD; ainsi de suite, autant que l'on voudra faire de courbes autour du centre.

N° 184. *Spirale d'Archimède.* Elle peut faire plusieurs tours sur elle-même, et autour du point où elle commence. Supposons que AC soit donné pour rayon; on décrira le cercle, et on le divisera en un même nombre de parties égales qu'on en aura mises sur AC. On mènera des rayons par tous ces points de divisions sur le cercle; et du point A, comme centre, on mènera des arcs par tous les points faits sur AC.

La rencontre des ordonnées avec les rayons détermineront les points de la courbe; si le rayon AC est divisé en douze, et le cercle de révolution en douze aussi, on tracera la courbe par douze points de C 1, 2, 3 à A, au moyen d'une règle flexible, ou d'un pistolet qui pourrait faire la courbe de raccordement.

N° 185. *Tracer une spirale à plusieurs révolutions*. Cette courbe est connue sous le nom de *volute*. Soit donnée la hauteur AB, ou l'œil *e d*, on divisera AB en huit parties égales, dont une fera le diamètre de l'œil : si c'est *e d* qui soit donné, on portera sept diamètres et demi audessus des deux droites *a* C, *b* A, qui se coupent à angle droit au centre de la volute. A la rencontre des perpendiculaires avec le cercle, on mènera quatre cordes et deux droites perpendiculaires entre elles, et dans la diagonale des premières. Elles détermineront les points 1,2,3,4, qui serviront de centres; le premier a pour rayon 1,*a*, le second 2,*b*, le troisième 3,2, etc.

Si l'on divise 1,3 ou 2,4, on aura les centres des autres courbes qui termineront la spirale.

On tracera un contour intérieur de la volute, en prenant pour centre le tiers de chacune des divisions comprises entre 1,2 ou 3,4; la hauteur du côté *af* aura la huitième partie de AB.

N° 186. *Autre tracé plus en grand de l'œil*

de la volute, qui donne plus distinctement des chiffres. Le diamètre de l'œil AB étant donné, comme dans la figure précédente, on formera le carré 1,2,3,4. Du diamètre du cercle, soit du côté droit ou du côté gauche, suivant la nécessité, on mènera les diagonales 2C, 3C, et l'on divisera le côté du carré 1,4 en six parties égales, et, par ces points, on mènera des parallèles au côté 1,2. On aura les points 1 à 12, comme autant de centres pour décrire la volute, comme on l'a fait à la figure précédente.

N° 187. *Quadratrice.* La construction de cette courbe se fait en divisant le quart du cercle AB donné, en autant de parties qu'on voudra. On divisera le rayon AC en même nombre de parties égales, et, pour tous ces points, on mènera des parallèles à BC; et pour les divisions du cercle, on mènera les rayons qui détermineront, par l'intersection des rayons et des parallèles, les pointes de la courbe demandée A 1,2,3,4.

N° 188. *Courbe composée de deux portions de parabole.* La distance AB et AD étant donnée, on divisera chacun des côtés en un même nombre de parties égales; plus les distances AB et AD seront grandes, plus il faudra faire de divisions. On mènera des droites par tous les points de division correspondans; les droites formeront une portion de polygone, dont les angles seront très-obtus, ce qui donnera l'aspect d'une courbe. Si la figure est grande, il sera facile de faire la courbe au moyen d'une règle flexible.

N° 189. *Courbe de raccordement, que l'on fait avec des alignemens. Les deux droites* 5,0, 0,5 *étant données, on propose de tracer la courbe d'arrondissement de cet angle.* Soit pris 5,5 pour origine de la courbe d'arrondissement; on divisera l'intervalle 5,0 en un nombre quelconque, quatre par exemple; on mènera des droites par les points de division 1,5, 2,4, 3,3, etc. Les intersections de toutes ces droites donneront des points qui appartiendront à la courbe, où l'on tracera la courbe tangente aux droites.

N° 190. *Raccordement en zigzag.* Les angles 5,0, 0,3 étant donnés, ainsi que les points de tangentes 5 P 3, on divisera, comme à la figure ci-dessus, les côtés 5,0, 0 P, en un même nombre de parties égales, et l'on mènera des droites à tous les points correspondans de chaque division sur 5,0, 0 P; on fera la même opération pour P, 0,3. On aura aux intersections *m* des droites des points de la courbe d'arrondissement. . .

Dans le tracé des routes, où il faut maintenir une largeur parallèle à la courbe, on peut mener des parallèles à cette courbe sans avoir besoin de former un nouveau zigzag, soit que l'angle sur lequel on a opéré soit l'angle intérieur ou l'angle extérieur ; l'angle donné peut être l'axe comme dans la figure.

N° 191. *Au moyen d'un demi-cercle ou un segment de cercle, construire un arc alongé, ou ce qu'on appelle courbe rampante.* Soit le demi-cercle ABD ; on mènera autant de perpendiculaires que l'on voudra sur le diamètre AB ; on prolongera ces parallèles jusqu'à ce qu'elles coupent, à une certaine hauteur, la largeur *ab* donnée ; on prendra toutes les hauteurs comprises entre la demi-circonférence et le diamètre, tel que CD, que l'on portera de *c* en *d* ; il en sera de même des autres hauteurs comprises entre A B. La courbe qui passera par les points *a c d b* sera l'arc demandé.

Leçon cinquième.

DE LA MESURE DES SURFACES.

La surface est une figure qui n'a que deux dimensions, longueur et largeur.

La surface rectiligne est comprise entre des lignes droites.

La surface curviligne est comprise entre des lignes courbes.

L'aire d'une surface est l'étendue ou le contenu de cette surface.

N° 192. *Pour avoir l'aire ou la surface d'un carré* dont le côté est 4 mesures, on multipliera 4 par 4, et on aura 16 pour la mesure de l'aire. Il en sera de même pour tous les rectangles et parallélogrammes : donc la surface d'un rectangle quelconque est égale au produit de sa base par sa hauteur.

N° 193. *Pour avoir la surface d'un rectangle ou parallélogramme*, il ne faut que multiplier la mesure d'un côté par l'autre ; dans cet exemple : 5 par 3, on aura 15 mesures car-

5me Leçon. Mesure des surfaces. Trigonométrie pratique.

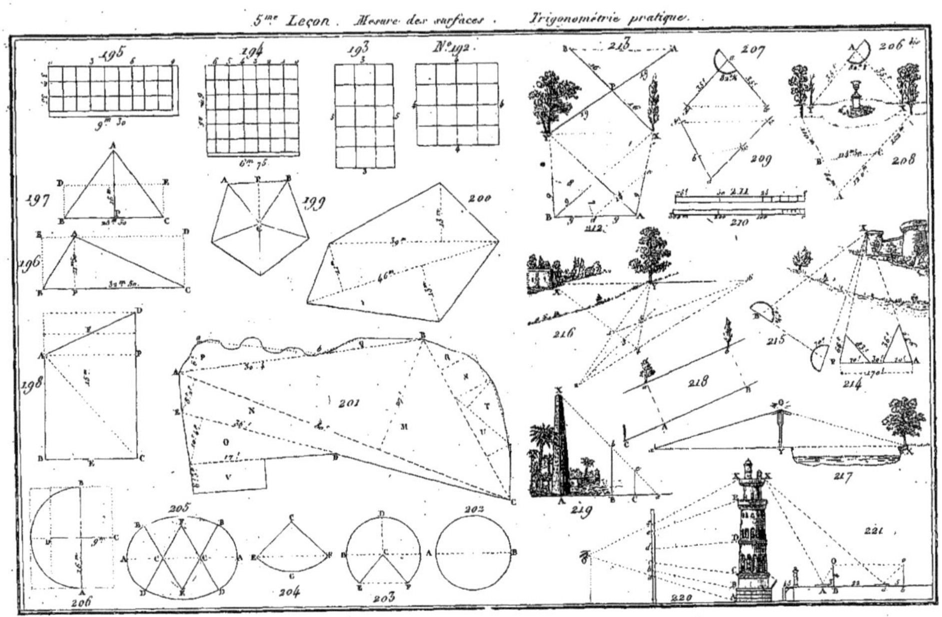

rées : il suit que les rectangles sont en raison composée de celles de leurs côtés. De sorte que les rectangles de même hauteur sont entre eux comme leurs bases, et ceux qui ont même base sont l'un à l'autre comme leurs hauteurs.

La surface dont nous avons l'idée la plus claire, est celle dont les quatre côtés sont égaux, et les quatre angles droits; donc la mesure naturelle des surfaces est le carré. C'est pour cela qu'on nomme *quadrature* l'évaluation des surfaces.

On peut voir que ces figures, qui ont un même circuit, ne sont point égales entre elles, puisque le carré a 16 parties de circuit, que le rectangle a aussi 16 parties, et que le produit du premier contient 16 parties, tandis que l'autre n'en contient que 15, comme le font voir les petites divisions tracées sur les deux figures. Enfin, un carré qui aurait 12^m de côté, 48 de circuit, aurait 144^m de surface, tandis qu'un rectangle, qui aurait 18^m sur 6, 48^m également de circuit, ne donnerait que 104^m de surface; donc il y a 40^m de perte de l'un à l'autre.

N° 194. *Déterminer la surface d'un carré dont les côtés sont de* 6,75 sur 6,25. On multipliera 6,75 par 6,25, on aura 42^m, 18,75, dont on pourra retrancher les deux derniers chiffres de droite.

N° 195. Déterminer la surface du rectangle

qui a 9,30 de côté sur 3,35. L'on multipliera l'un par l'autre ; le produit sera 31^{m},15,50.

N° 196. *Mesurer la surface d'un triangle quelconque.* Le triangle ABC étant donné, du sommet A on abaissera sur la base BC la perpendiculaire AP, qui a 11,50, et la base DC de 32,50, que l'on multipliera par 5,75, moitié de la perpendiculaire ; on aura pour la surface 186,87.

Le triangle est égal à la moitié du produit de sa base par la hauteur ; car le triangle a la même base BC et la même hauteur AP que le parallélogramme BCDE. Or, un triangle quelconque est toujours la moitié d'un parallélogramme de même base et de même hauteur. En effet, si l'on tire une diagonale AC dans le parallélogramme ADPC, elle le partagera en deux triangles parfaitement égaux, puisqu'ils auront leurs trois côtés égaux. Donc le triangle est la moitié du parallélogramme.

N° 197. *La démonstration de la figure précédente peut servir à cette figure : on aura le triangle* ABC *égal au parallélogramme* BCDE, AP *étant double de* CE.

N° 198. *Mesurer la surface d'un trapèze quelconque.* La surface du trapèze ABCD est égale au produit que l'on trouve, en multipliant la hauteur EF, élevée perpendiculairement au milieu de BC. Si la perpendiculaire

EF a 15^{m}, et la base BC, 12, on aura 180^{m} pour la surface.

La surface du trapèze ABCD est égale au produit de la moitié de ses deux bases par la distance de ces bases; car si l'on tire la diagonale AC, on partagera le trapèze en deux triangles ABC, ACD, qui, étant compris entre des parallèles, auront une même hauteur exprimée par une ligne égale à la perpendiculaire AP.

N° 199. *Mesurer la surface d'un polygone régulier.* Sa surface est égale au produit de la moitié de son périmètre par la perpendiculaire tirée du centre sur un de ses côtés. Si, du centre C, on abaisse la perpendiculaire CP sur AB, on mesurera le triangle ABC, N° 197; le produit sera multiplié par le nombre de triangles, pour avoir l'aire de tout le polygone. Les rayons étant les mêmes, tous les triangles seront égaux.

N° 200. *Mesurer la surface d'un polygone irrégulier.* On divisera la figure en autant de triangles que l'exigera le nombre de côtés du polygone, et on cherchera la surface de chaque triangle, comme au N° 196.

N° 201. *Trouver l'aire d'une figure irrégulière.* On divisera en rectangles et par triangles la figure, et l'on mesurera chacune de ces figures comme on l'a fait au N° 196, et l'addition provenant du produit de tous ces triangles et rectangles sera l'aire demandée.

Exemple des opérations de calcul pour les figures M, N, O, P, *etc.* N° 201.

	BASE du TRIANGLE.		HAUTEUR de la PERPENDICULAIRE.		PRODUIT.		
	toises.	pieds.	toises.	pieds.	toises.	pieds.	p^c.
M	80	0	27	0	2160	0	0
N	80	0	8	2	486	4	0
O	36	0	10	4	384	0	0
P	30	4	6	0	184	0	0
Q	23	0	2	3	54	3	0
R	8	0	6	3	52	0	0
T	16	3	8	0	132	0	0
U	26	0	6	0	156	0	0
					3609	1	0
			La moitié . .		1804	0	6
	RECTANGLES.						
V	17	0	9	3	110	3	0
S	8	0	3	0	24	0	0
	Superficie totale. . . .				1938	3	6

Lorsque le contour ou circuit sera très-irrégulier, et qu'il offrira beaucoup d'ondulations telles que A*ab*BC, etc., il faudra faire passer une droite telle que *ab*, de manière qu'elle laisse d'un côté la valeur du terrain qu'elle retranche de l'autre, afin d'avoir un triangle régulier ; on fera l'opération le plus exactement possible. Il est souvent plus avantageux de former des rectangles ; l'intelligence doit donner le moyen le plus convenable.

N° 202. *Mesurer la surface d'un cercle.* Elle est égale au produit de la moitié de la circonférence par le rayon, ou, ce qui revient au même, au produit de la circonférence par la moitié du rayon. Le rapport de la circonférence est connu par approximation ; on a trouvé qu'un cercle qui aurait 7^m de diamètre, aurait à peu près 22^m de circonférence. Pour un cercle qui aurait 20^m de diamètre, on fera cette proportion : 7 est à 22 comme 20 est à 62 $\frac{6}{7}$. Si l'on multiplie 62, $\frac{6}{7}$ par 5, moitié du rayon, on aura 314, $\frac{2}{7}$ mètres carrés pour la surface du cercle.

Mesurer la surface d'un cercle dont le diamètre AB *est de* 28 *pieds.* Pour avoir la circonférence, il faut multiplier 28 par 22, et diviser le produit 616 par 7 ; le quotient 88 est le nombre de pieds que contient la circonférence. Pour avoir la surface, on multipliera 44, moitié de la circonférence, par 14, moitié du diamètre : on aura 616 pieds pour surface du cercle.

Connaissant la circonférence d'un cercle de 88 ^{t}, *en déterminer le diamètre.* Pour avoir son diamètre, on fera la règle de trois, dont le premier terme est 22, le second 7, et le troisième sera la circonférence ; le quatrième terme sera le diamètre demandé.

On multiplie 88 par 7, et l'on divise le produit 616 par 22; le quotient 28 sera le diamètre demandé.

N° 203. *Mesurer le demi-cercle* ADB. On multipliera l'arc BD, moitié de la demi-circonférence, par le rayon CB; on aura l'aire demandée.

On trouvera l'aire du segment CEBDF, en multipliant le rayon CB par EBD, moitié de l'arc EDE; ou bien en multipliant tout l'arc EBFD par la moitié du rayon BC.

N° 204. *Trouver l'arc du segment* EFG. On tirera au centre de l'arc les rayons EC, CF, et on cherchera l'aire comme au N° précédent. On ôtera l'aire du triangle ECF; le reste sera l'aire demandée.

N° 205. *Trouver l'aire de l'ovale géométrique.* On mesurera les secteurs AECD, DFD, BEB, suivant les N° 203 et 204. De la somme de ces quatre secteurs, on retranchera le lozange CECF qui est commun aux deux grands secteurs, et ce qui restera sera l'aire de l'ovale.

N° 206. *Trouver l'aire d'une ellipse dont le grand axe est de 16 mètres et le petit de 9.* On multipliera le grand axe par le petit, le produit sera 144; ensuite on fera une règle de trois, dont le premier terme sera 14, et le second 11. On multipliera 144 par 11, on aura

1584, que l'on divisera par 14 ; on aura 113, $\frac{1}{7}$ pour l'aire de l'ellipse.

Autre exemple. Si le grand axe AB est de 15 pieds, et l'autre BC de 10, le produit sera 150, que l'on multipliera par 11; le produit sera 1650, que l'on divisera par 14 ; le quotient 117, $\frac{6}{7}$ pieds sera l'aire de l'ellipse. On n'a pas tracé l'ellipse, il suffit d'en connaître les axes. Pour le tracé, voir le N° 165.

TRIGONOMÉTRIE PRATIQUE.

N° 206 bis. *Déterminer la largeur* XY *qui ne peut être parcourue.* Jusqu'alors tous les moyens donnés sont de prendre l'angle, soit avec le graphomètre, N° 367, soit avec la planchette, et de mesurer les côtés de l'angle AX, AY ; puis en rapporter sur le papier les dimensions que l'on a trouvées sur le terrain, au moyen d'un rapporteur et d'une échelle, ainsi qu'il suit,

N° 207. *Rapporter sur le papier le problème ci-dessus.* Au moyen du rapporteur, on formera l'angle de 80° $\frac{1}{2}$ trouvé sur le terrain, et au moyen de l'échelle, N° 211, on donnera les 35 toises trouvées sur le côté AX, et 35 toises pour le côté AY; on aura *xay*, égal à XAY, et, au moyen de l'échelle, on aura la valeur de XY.

N° 208. *Même problème.* Voici le moyen

que je propose, et qui peut être mis en pratique avec autant et même plus d'avantages, dans bien des circonstances, puisqu'il ne faut pas d'instrumens, et qu'il donne autant d'exactitude que le rapporteur. Aucun auteur n'a encore donné ce moyen, et c'est le 20 novembre 1823 que je l'ai mis en pratique pour la première fois. Voici son avantage :

Mesurer la ligne XY, *dont les extrémités sont seules accessibles.* Par un point donné, comme A, on placera à volonté le point B et C dans la direction de AX et AY; on mesurera AB et BY, AC et CX, de plus, la base ou la transversale BC, pour avoir l'écartement de l'angle XAY, et on aura tout ce qu'il faut pour construire ou rapporter cette figure sur le papier.

N° 209. Au moyen d'un compas et de l'échelle, N° 210, on construira l'angle *a c b* égal à ABC, dont les côtés ont été relevés sur le terrain. On ajoutera les côtés de BY en *by*, et de CX en *c x*, dans la direction de *ab* et *a c*; on aura *xy* demandé, que l'on mesurera de la même manière, et avec la même échelle qui a servi à rapporter le dessin.

N° 210. *Échelle de mètres.* Pour sa construction, *voyez* le N° 289 et suiv.

N° 211. *Échelle de toises.* Pour sa construction, *voyez* le N° 287 et suiv.

N° 212. *Sans instrument, mesurer l'intervalle* XY *inaccessible.* Soient pris à volonté deux points AB ; on formera à chacun de ces points les angles ABY, AYX, que l'on mesurera comme au N° précédent. On en fera autant au point B, pour avoir les angles BAX, BXY. On vérifiera les ouvertures d'angles XAB, en mesurant la transversale *c d;* cette vérification exige un peu plus de temps, mais ces petits soins ne seront point perdus pour l'exactitude.

Les cotes et les lignes d'opérations tracées sur la figure donnent les moyens de mesurer un angle seul ou deux angles à la fois, YBX, XBA.

Au moyen de l'échelle et du compas on construira les angles, comme on le fait N° 209, aux points AB placés à 18 mètres l'un de l'autre, comme on l'aurait levé sur le terrain ; de manière que, l'angle BYX étant fait, il sera coupé par l'angle AXY aux points *xy*, qui seront les points demandés, dont on trouvera l'intervalle au moyen de l'échelle. Plus les côtés A *d*, A *c* seront grands, plus l'opération sera juste.

N° 213. *On mesurera sur le terrain même, et sans instrument, l'écartement de* XY *qui ne peut être parcouru.* Soit pris à volonté un point tel que P ; on mesurera la distance XP que l'on trouve ici de 19 mètres. Pour cet exemple, on les portera de P en A sur le prolongement de PY; on fera PB égal à PX, qui est dans cet exemple de 16 mètres, que l'on portera de P en B; on aura AB égal à XY, que l'on n'aura pu parcourir.

N° 214. *D'un point*, P, *déterminer la distance de* X *inaccessible de ce point.* On fera cette opération sans instrumens, en prenant un second point A, et en mesurant les deux angles XAP, XPA, comme on l'a fait au N° 208. La longueur de la base AP étant mesurée, on aura tout ce qu'il faut pour construire sur le papier les angles que l'on aura levés sur le terrain. L'échelle qui aura servi à proportionner la base AP, déterminera la ligne PX. Voilà les applications du problème 208, qui n'emploie d'autre instrument que la toise, ou le mètre, ou la chaîne, ou toutes autres mesures connues.

N° 215. *Même opération avec le graphomètre.* On aura la distance de X au point P en formant deux stations PB que l'onmesurera; et des points PB on mesurera les ouvertures d'angles PXB, BXP, que l'on écrira exactement, ainsi que la longueur de la base PB.

Au moyen du rapporteur, on formera sur le papier les deux angles, avec le même nombre de degrés trouvé sur le terrain. L'échelle qui aura servi à proportionner la base PB, servira à mesurer PX, longueur demandée.

Pour plus grand développement, *voyez* les opérations du graphomètre, N° 353 à 375.

N° 216. *Déterminer la largeur de la rivière* XY, *au moyen de jalons seulement.* On placera à volonté un premier jalon ; un deuxième dans la direction du premier et du point Y ; un troisième dans la direction du premier et de X ; un quatrième dans la direction de X 3, de manière que 4 et 3 soient égaux à 3 et 1 ; on en placera un cinquième à la rencontre de 4 Y et de 2,3 ; un sixième au prolongement de 1 et 5 et de 2 et 4. Les points 6 et Y détermineront un écartement égal à XY.

N° 217. *Mesurer la largeur de la rivière* XY, *les terrains* X *x étant de niveau, soit dans le prolongement de* XY, *ou perpendiculairement à cette ligne.* On placera un piquet ou un fil à plomb OY de 1^m, 30 à 1^m, 50 de hauteur; puis, au moyen d'une sauterelle, N° 71, que l'on appliquera contre et au sommet du piquet tel que en O, on formera l'angle OXY que l'on portera du côté du terrain de niveau, de manière à faire l'angle OY*x* égal à OYX ; on mesurera Y*x* qui seront égaux à YX.

N° 218. *Au moyen de l'équerre déterminer la distance de* a b *inaccessible.* On placera un jalon à volonté, tel que C ; on marchera dans la direction CA jusqu'à ce que le point A soit au sommet de l'angle droit A*a*C ; on placera un jalon en A, et l'on marchera dans le prolongement de AC, jusqu'à ce que le point B se trouve au sommet de l'angle droit BA *b* ; on aura AB égal à *ab*.

En se servant de l'équerre, N° 300, elle abrégera beaucoup plus que l'équerre N° 298.

Cette opération détermine le point A perpendiculaire à *ab*, et AB détermine une parallèle à *ab*.

N° 219. *Déterminer, au moyen des piquets, la hauteur* AX. On prendra deux morceaux de bois dont l'un est double de l'autre en hauteur, on les placera de manière que l'intervalle CB soit égal à C *c*, et que *c b* soit dans la direction de X ; on prolongera *b c* en *x*, et on aura la ligne *x* A égale à AX.

N° 220. *Pour avoir la hauteur d'une tour ou d'un clocher dont le pied est accessible*, on placera verticalement, à une certaine distance de l'objet, une règle *x a*, ou l'on se servira d'un corps à plomb qui peut se rencontrer aux environs ; on marquera sur une des arêtes le passage des rayons visuels, par lequel on voit la hauteur et toutes les divisions d'étages que l'œil apercevra ; les parties comprises entre *x a* seront entre elles comme les parties comprises entre XA.

Si on mesure la hauteur AB qui doit être accessible et supposée de 3 mètres de hauteur, on aura sur la règle la hauteur *ab* de 3 mètres, que l'on pourra diviser de manière à servir d'échelle pour les dimensions de toutes les autres parties.

N° 221. *Même problème, au moyen de l'angle de réflexion et du calcul.* Soit posée au point A et sur un terrain de niveau, une petite glace également de niveau (la glace peut-être remplacée par de l'eau mise dans un trou ou dans un vase); le spectateur se placera de manière à voir dans l'eau, ou dans la glace, le sommet de la tour; puis on mesurera exactement la hauteur BO, l'œil étant supposé en O et de 4 parties de hauteur BA de 3, et la distance AY de 48; on fera la règle de trois directe :

```
  48
   4
 ----
 192 | 3
  12 |--
     |64
```

on aura 64 pieds pour la hauteur XY.

Si le pied de la tour n'était pas accessible et qu'il ne fût pas possible de mesurer AY, il faudrait toujours exécuter la première opération, à l'exception de la mesure de AY; on ferait une autre station dans la même direction, en plaçant un autre miroir en *a*, où l'œil du spectateur apercevrait le point X; on mesurerait encore *ba*, *bo* devant rester de la même hauteur que dans la première opération. Les côtés étant 32 de A*a* et *ab* de 5, on multipliera la hauteur de l'œil qui est de 4 par la distance des deux miroirs qui est de 22; on aura 128, que l'on divisera par la différence de AB à *ab* qui est 2, la distance *ab* étant 5; on aura 64 pour la hauteur XY.

6me Leçon. De la Cubature des Corps solides, qui ont pour base.

Corps réguliers.	un Cercle.	un Pentagone.	un Triangle.	un Quarré.

Leçon quatrième.

DE LA CUBATURE DES CORPS SOLIDES, DES DÉVELOPPEMENS DE SURFACE, DE LA CUBATURE DANS LES DÉBLAIS, ET REMBLAIS.

On a déjà vu, N° 1 à 6, que les corps solides sont composés d'étendue, longueur, largeur et épaisseur ; on compte cinq corps parfaitement réguliers (1) : l'exaèdre, le tétraèdre, l'octaèdre, le décaèdre et l'icosaèdre. Un corps est régulier quand une moitié est semblable et égale à l'autre.

Les autres solides, sont le parallélipipède, le prisme, la pyramide, le cône et le sphéroïde.

---

(1) Il y a trois raisons qui limitent le nombre des solides réguliers. La première est que pour former un angle solide il faut au moins trois angles plans ; car il est évident que si on n'en prenait que deux, il resterait un vide entre ces deux plans.

La seconde est qu'il faut que les angles plans, qui forment l'angle solide d'un corps régulier, appartiennent à un polygone régulier.

Enfin la troisième est que l'angle solide formé par un nombre quelconque d'angles plans est nécessairement moindre que 360°.

Tous autres corps sont composés des précédens.

N° 222. L'exaèdre ou cube est terminé par six faces, ou plans carrés et égaux.

N° 223. Le tétraèdre est terminé par quatre triangles équilatéraux de même grandeur.

N° 224. L'octaèdre est contenu sous huit triangles égaux et équilatéraux.

N° 225. Le dodécaèdre est compris sous douze pentagones réguliers et égaux.

N° 226. L'icosaèdre est de vingt surfaces triangulaires égales et équilatérales.

Comme il est utile d'exécuter ces différens polyèdres, et de s'en rendre compte pour le toisé, voici la manière de s'y prendre pour les développer. On commence par tracer la figure sur un carton ou du fort papier, puis on en découpe les contours et on coupe avec une règle et un canif la moitié de l'épaisseur du carton, le long des lignes qui séparent chaque plan ; enfin on joint les côtés qui doivent se toucher, pour les coller.

N° 227. *Développement du cube.* Il faut tracer six carrés, dont A sera la base inférieure, et *a* la base supérieure.

N° 228. *Pour le tétraèdre*, les quatre triangles équilatéraux peuvent être tracés dans un seul qui aurait pour côté deux dimensions du triangle.

N° 229. *Pour l'octaèdre*, tracer huit triangles équilatéraux. La disposition du tracé peut être disposée d'une autre manière ; mais cela ne fait rien aux conditions.

N° 230. Le *dodécaèdre*. Il faut douze pentagones ; on peut les réunir et en tracer cinq dans un grand ; les côtés du grand serviront de côtés à deux des pentagones inscrits, et ils se réuniront au centre sur les cinq faces de celui qui doit servir de base.

N° 231. L'*icosaèdre*. Il faut vingt triangles équilatéraux disposés en trois rangs.

Principes de la mesure des Solides.

La solidité d'un prisme quelconque, est égale au produit de la surface de la base, par la hauteur de ce prisme.

La solidité d'un cylindre quelconque est égale au produit de la surface de sa base par sa hauteur.

La solidité d'une pyramide triangulaire est égale au produit de la surface de sa base par le tiers de sa hauteur (le cône comme la pyramide).

La solidité de la sphère est les deux tiers de la solidité du cylindre circonscrit.

Sa solidité est égale au produit de la surface

d'un de ses grands cercles, par les deux tiers du diamètre, ou le tiers de son rayon.

Observations sur le toisé des Solides.

On mesure les solides par mètres ou par toises cubes, et par parties de mètres ou de toises cubes.

Le mètre cube a 10 décimètres de hauteur, sur 10 de largeur et 10 d'épaisseur. Pour avoir sa solidité en parties de mètre, il faut multiplier la largeur par la hauteur, et le produit par la longueur; ainsi, 10 par 10 donnent 100, et 100 multiplié par 10, donnent 1000 décimètres que contient le mètre ; chaque décimètre se subdivise en centimètres ou en millimètres, etc.

Il en sera de même pour la toise cube, elle contient 216 pieds cubes.

Le pied cube contient 1728 pouces cubes.

Le pouce cube se partage en 1728 lignes cubes.

La ligne cube se divise en 1728 points cubes, etc.

N° 232. Trouver la solidité d'un parallélipipède, qui aurait (1) $6^t\ 5^p\ 8^o$ de long F*d*,

---

(1) La figure n'est là que pour guide, et pour faire voir les trois dimensions du corps.

sur $5^t\ 4^p\ 6^o$ de large EF, et $4^t\ 3^p\ 9^o$ d'épaisseur *ac*. Pour faire l'opération, on peut réduire les trois dimensions en pouces, et on écrira :

	500^{pouces}
à multiplier par.	414
ce qui donne pour produit. .	207000^{pp}
que l'on multiplie par. . .	333
ce qui donne.	68931000^{ppp}

que l'on divisera par 1728 ; il vient pour quotient $39890^{ppp}\ 100^{ppp}$.

Divisant 39890^{ppp} par 216, on trouve $184^{ttt}\ 146^{ppp}$.

Ainsi la solidité du parallélipipède proposé est de $184^{ttt}\ 146^{ppp}\ 1080^{ppp}$.

On peut aussi évaluer les solidités de la manière suivante :

On conçoit la toise cube divisée en six parallélipipèdes égaux, qui ont une toise carrée de base sur un pied de hauteur, et que l'on nomme *pied de toise cube*, ou *toise-toise-pied*.

La toise-toise-pied se partage en douze parallélipipèdes, qui ont une toise carrée de base sur un pouce de hauteur, et qu'on nomme *pouce de toise cube*, ou *toise-toise-pouce*.

La toise-toise-pouce se divise en douze parallélipipèdes égaux, qui ont une toise carrée de base sur une ligne de hauteur, qu'on appelle *ligne de toise cube*, ou *toise-toise-ligne*, etc.

Ainsi,

1^{ttt} égale 216^{ppp}, ou 6^{ttp};

1^{ttp} égale 36^{ppp};

1^{ttp} égale 36^{ppp}, divisé par 12 égale 3^{ppp};

1^{ttl} égale 3^{ppp}, divisé par 12 égale $\frac{1}{4}^{ppp}$, ou 432 pouces cubes;

1^{ttpt} égale 432^{ppp}, divisé par 12 égale 36^{ppp};

Cela posé, pour trouver la solidité du parallélipipède, qui a 6^{t} 5^{p} 8^{po} de long, sur 5^{t} 4^{p} 6^{po} de large, et 4^{t} 3^{p} 9^{po} d'épaisseur, je prends d'abord la surface de sa base, ce qui me donne 39^{tt} 5^{tp} 7^{tpo}.

Maintenant je dis : si le parallélipipède proposé n'avait qu'une toise de hauteur, sa solidité serait évidemment exprimée par 39^{ttp} 5^{ttp} 7^{ttp}, mais la hauteur est de 4^{t} 3^{p} 9^{po}; donc il faut répéter la hauteur 39^{ttt} 5^{ttp} 7^{ttp} autant de fois que l'unité de toise est contenue dans 4^{t} 3^{p} 9^{po}, c'est-à-dire, quatre fois pour 4^{t}, demi-fois pour 3^{p}, et le quart de cette moitié pour 9^{po}. Cela se réduit donc encore à la multiplication complexe par les parties aliquotes. Voici le tableau de l'opération :

	39^{ttt}	5^{ttp}	7^{ttpo}		
	4^{t}	3^{p}	9^{po}		
Produit de tout le multiplicande par 4,	156^{ttt}	0^{ttp}	0^{ttp}	0^{ttl}	0^{ttp}
	2	0	0	0	0
	1	2	0	0	0
	0	2	0	0	0
	0	0	4	0	0
Pour 3p.	19	5	9	6	0
Pour 9p.	4	5	11	4	6
	184^{ttt}	4^{ttp}	0^{ttp}	10^{ttl}	6^{ttp}

Pour réduire ce nombre en toises cubes, pieds cubes, pouces cubes, etc., il faut écrire alternativement les nombres 36, 3, $\frac{1}{4}$ sous les parties de la toise, à commencer sous les toises-toises-pieds, et multiplier successivement chaque partie du nombre supérieur par le nombre inférieur correspondant. On aura soin de porter chaque produit des nombres 36, 3, $\frac{1}{4}$ au-dessous du premier de ces nombres, observant que lorsqu'en multipliant par $\frac{1}{4}$, il reste 1, 2 ou 3, il faudra écrire sous le nombre 36 suivant 432, ou 864, ou 1296 pour commencer une nouvelle colonne. Tout ceci va devenir sensible par l'exemple suivant :

184^{ttt}	4^{ttp}	0^{ttp}	10^{ttl}	6^{ttp}
	36	3	$\frac{1}{4}$	
184^{ttt}	144^{ttp}			216^{ppp}
	0			
	2			864
184^{ttt}	146^{ttp}			1080^{ppp}

Comme on l'a trouvé pour l'autre méthode.

N° 233. *Observation.* La toise cube est un parallélipipède rectangle, qui a 6 pieds de large AB, 6 pieds de long AC, et 6 pieds de haut.

Des surfaces, multipliées par des lignes, produisent des solides.

Des toises carrées, multipliées par des toises simples, produisent des toises cubes.

Des toises simples, multipliées par des pieds courans sur toises, ou des toises carrées, multipliées par des pieds simples, produisent des pieds solides sur toises carrées solides courans sur toises.

Des toises simples, multipliées par des pieds carrés, produisent des pieds cubes;

Des pieds simples multipliés par des pouces courans sur pieds, produisent des pouces solides sur pieds carrés.

Des pieds carrés multipliés par des pouces simples, produisent aussi des pouces solides sur pieds carrés.

Des pieds simples multipliés par des pouces carrés, produisent des pouces solides courans sur pieds.

Des pieds simples, multipliés par des pieds courans sur toises, produisent aussi des pieds solides courans sur toises.

Des pieds simples, multipliés par des pieds carrés, produisent des pieds cubes.

Des pouces simples, multipliés par des pouces carrés, produisent des pouces cubes.

La même chose est des pouces à l'égard des lignes.

N° 234. *Mesurer un cube de 3 pieds.* Il faut multiplier toute la base AB, AD par la hauteur BC. Exemple : 3 fois 3 font 9, que je multiplie par 3; le produit est 27 pieds cubes, égal à un quart de toise cube.

N° 235. *Chercher la solidité du parallélipipède* AB *de* 1 *pied sur* 1 *pied, et* AC *de* 3 *pieds de long.* Le produit de la multiplication donne 3 pieds, égal à la $\frac{3}{246}$ partie de la toise cube.

N° 236. La solidité du parallélipipède, qui a 2 pieds de base sur 1 pied, et 3 pieds de long, donnera 6 pieds cubes, ou la 164me partie de la toise cube.

N° 237. La solidité d'un parallélipipède AB de 3 pieds sur BC de 3 pieds, et 1 pied d'épaisseur, donne 9 pieds cubes, $\frac{9}{246}$ de toise cube. Si la toise coûtait 246 francs, le solide ABC vaudrait 9 francs.

De la mesure des solides en mètres. Rien n'est plus simple et plus expéditif que le système décimal pour la mesure des surfaces et des solides. Si un prisme avait 70$^{centimèt.}$ sur 80, et 7^{m} de longueur, il faudrait multiplier 70 par 80, et le produit par 7; on aurait pour résultat 3^{m},92. Exemples pour trois autres données, dont les nombres sont, pour la première 0,60 sur 0,72, et 8^{m} de longueur :

72	50	1,20
0	40	60
43,20	20,00	72,00
8	6	1,30
3,45,60	1,20,00	21,60,00
		72,00
		93,60,00

On peut voir avec quelle facilité on opère, et comme les résultats sont avantageux à la 20me leçon d'arithmétique.

N° 238. *On propose de mesurer le prisme* ABCDEF. On réduira la figure en prisme quadrangulaire, et l'on multipliera A*e* par E*c* le produit pour AD ou EF, puis on cherchera la solidité du prisme triangulaire, qui a pour base BE*c*, et pour longueur BC ou EF, que l'on trouvera au moyen du N° 253; puis on additionnera les deux produits pour avoir la solidité.

On peut prendre la moitié de CB, et former le prisme qui a pour longueur AB, pour largeur AC, et pour hauteur *be*.

N° 239. *Déterminer la solidité du prisme* ABDE; on le décomposera ainsi qu'il suit : Le prisme quadrangulaire B*b*FE, les deux prismes triangulaires, dont le premier est AEF, A*a*, et le deuxième *cdb*.D*d* ; puis la pyramide qui a pour base C*adb*, et pour hauteur *bc*. Suivant la méthode N° 241, on additionnera les quatre produits qui donneront la solidité demandée.

N° 240 *et* 241. *Des pyramides* (1). Dans la pyramide régulière, tous les triangles latéraux AB*p*, BC*p*, sont égaux et isocèles, les côtés AB*p*, B*p*, sont les arêtes de la pyramide et sont aussi égaux, puisque les obliques sont également éloignées de la perpendiculaire P*p* (2). Si l'on donne 3ᵗ de côté à la base de la pyramide N° 241, et qu'on lui suppose 6ᵗ de hauteur, elle aura 18ᵗ de solidité. Puisque la règle générale

---

(1) La *pyramide* est un solide terminé par un polygone quelconque qui lui sert de base, et par des faces triangulaires qui s'élèvent sur les côtés de la base et vont toutes se réunir en un même point qu'on appelle *sommet* P de la pyramide.

La perpendiculaire *p* P, abaissée du sommet sur le plan de la base, se nomme la hauteur de la pyramide.

La pyramide prend différens noms, suivant le nombre des côtés du polygone qui lui sert de base. Celle qui a pour base un triangle, s'appelle *pyramide triangulaire ;* celle qui a pour base un quadrilataire, se nomme *pyramide quadrangulaire*, ainsi de suite.

Lorsque la base d'une pyramide est un polygone régulier, et que la perpendiculaire, abaissée du sommet de la pyramide sur le plan de la base, passe par le centre de cette base, la pyramide est dite régulière.

(2) L'éloignement de ces obliques est marqué par les lignes AP, BP tirées du centre du polygone aux arêtes.

est que *la solidité d'une pyramide quelconque est égale au produit de la surface de sa base, multipliée par le tiers de la hauteur.*

Deux prismes qui ont une égale hauteur et qui ont une même base, ou base égale, quelques différentes que soient les figures de ces bases, sont égaux en solidité.

Trouver la solidité d'une pyramide tronquée. On cherchera sa surface du plan ABCD; supposée de 8^p, on aura 64; puis pour le plan supérieur *abcd*, supposé de 6^p, on aura 36^p; on prendra la différence, qui est de 50^p, que l'on multipliera par la hauteur P*p* supposée de 5^p 6°, et on aura pour solidité 275 pieds cubes.

Un tronc de pyramide à bases parallèles, est égal au tiers du produit de la hauteur du tronc, pris par la somme de la base.

N° 242. *Pour avoir la solidité approchée d'un prisme dont la surface supérieure soit gauche* (application à la cubature des terrasses). Soit donné pour base un quadrilatère quelconque, ABCD, auquel on ajoute aux angles des hauteurs verticales toutes différentes, de manière que le plan supérieur *a*B*cd* soit gauche, puisque le corps n'aura que trois hauteurs inégales A*a*, D*d*, C*c*.

Dans les déblais et remblais, où l'on a besoin de cuber les terres, il est rare que la surface supérieure des solides qu'on a à mesurer soit une surface plane; elle est le plus souvent gauche, et parmi les surfaces gauches il y en a très-peu qui soient engendrées suivant la même loi, mais comme on n'a pas besoin de chercher la solidité d'une manière très-rigoureuse, le moyen suivant doit suffire. On aura égard aux observations du N° 412 (*voyez* le N° 258).

On considérera le point B comme le sommet d'une pyramide : de ce point on mènera des droites BE, BF, de manière à former des pyramides, dont les bases seront des trapèzes. On formera autant de pyramides que l'on croira convenable et que l'exigera l'irrégularité de la surface gauche; puis on cherchera la solidité de toutes ces pyramides, suivant le N° 241; on aura la solidité demandée.

Si le quadrilatère avait quatre hauteurs différentes, il faudrait mener les droites *fb*, *eb*, et l'on aurait des prismes quadrangulaires, dont la base est A*a*,F*f*, et la hauteur AB,*ab*; dont la solidité s'obtient comme au N° 238.

N° 243. *Observation sur la projection des solides.* Lorsque le solide se projette sur un plan parallèle à la base, on a une de ses faces; ou sur un plan donné, on obtient des projections différentes, dont il est utile de connaître les résultats dans bien des circonstances. Soit pris pour exemple un cube.

N° 244. *Il offre la projection horizontale du*

cube; elle est égale à sa base, puisque le plan sur lequel se fait la projection est parallèle à cette même base.

N° 245. Lorsque la projection d'un côté se fait sur un plan vertical et parallèle à ce côté, la projection reste la même.

N° 246. Lorsque la projection se fait suivant une parallèle à la diagonale d'une des faces, on obtient un rectangle égal à la projection de deux faces du cube, dont chacune des faces est moindre, dans un sens, que celles des numéros précédens.

N° 247. Projection d'un cube sur un plan perpendiculaire à l'axe, et souvent par deux des angles; ou, ce qui revient au même, soit élevé un cube sur un de ses angles, de sorte que la verticale passe par cet angle, et que par chacun des angles qui sont en l'air on abaisse des droites parallèles à l'axe, la projection qui en résultera sera un hexagone régulier.

N° 248. *Même projection que la figure précédente.* Elle fait voir que cette projection est la plus grande de toutes celles qu'offrent les projections du cube; de sorte que l'on pourra percer une ouverture, par laquelle passera un autre cube égal au premier.

De la cubature des Solides qui ont pour base un triangle.

N° 249 *et* 250. *Des pyramides.* On commence par chercher la surface du triangle, suivant le N° 196, que l'on multiplie par le tiers de la hauteur.

N° 251. Si la pyramide était tronquée, on chercherait la surface du plan inférieur ABC; et celle du plan inférieur *abc*, on additionnerait les deux produits, on en prendrait la moitié que l'on multiplierait par la hauteur du prisme, comme on a fait pour le N° 240. Si on peut prolonger les côtés en D, et connaître la hauteur de la pyramide, comme au N° 241, on multipliera la surface de ABC par le tiers de la hauteur.

N° 252. *Développement d'un prisme.* Il est composé de trois rectangles formant la hauteur du prisme, et de deux triangles dont A est la base inférieure, et *a* la base supérieure.

N° 253. *Déterminer la solidité du prisme, dont deux des côtés sont à angles droits, et ont chacun* 3^{m} *de hauteur et* 3^{m} *de côté.* La solidité de ce prisme est exactement la moitié d'un cube de 3^{m} de côté. Ainsi si l'on multiplie, comme au N° 234, 3 par 3, on aura 9, qu'il faudra multiplier par 3^{m} de hauteur; on aura 27^{m} cubes, dont la moitié est de 13^{m} 50 pour la solidité demandée.

Un solide, qui a pour base un triangle, est égal à sa base multipliée par le tiers de sa hauteur, s'il n'a qu'une hauteur, et par le tiers de ses hauteurs s'il en a plusieurs.

N° 254. *Développement d'une pyramide.* Elle est formée de trois triangles isocèles, qui ont même largeur à la base B*a*,BC,C*c*, et même sommet D. Le plan de la base est un triangle équilatéral.

N° 255 *et suivans.* Un solide, qui a pour base un triangle ABC, et qui n'a qu'une hauteur AD perpendiculaire à sa base, aura pour solidité sa base, multipliée par le tiers de sa hauteur.

N° 256. Si le même solide avait deux hauteurs AD,B*b*, on mènera la diagonale A*b*, qui divisera le solide en deux pyramides, que l'on peut considérer comme ayant leur sommet au point C; on aura la solidité de la première, en multipliant la base AB*b*, B*b*C par le tiers de la hauteur.

N° 257. Si le même solide avait trois hauteurs différentes A*d*, B*b*, C*c*, il faudrait faire passer par *b* une parallèle à la base, on aurait un prisme triangulaire, dont la base est ABC, et pour hauteur B*b*, A*a*, C*c*, que l'on mesurera comme au N° 253; de plus un solide de même nature que la figure 256. Donc, la solidité du prisme entier est égale à la base, multipliée par le tiers de ses trois hauteurs.

De la cubature des solides, qui ont pour base un polygone quelconque.

N° 258 à 262. *La solidité de deux pyramides qui ont une égale hauteur* (N° 260 *et* 261), *est entre elles comme leur base ; quelques différentes que soient les figures de ces bases, ces pyramides sont égales en solidité, suivant le* N° 241.

Deux prismes, 259, 260, *qui ont une égale hauteur et qui ont une même base, ou bases égales, quelque différentes que soient les figures de ces bases, sont égaux en solidité.*

La solidité d'un prisme quelconque, droit ou oblique, est aussi égal au produit de la surface de sa base, par la hauteur de ce prisme (voyez le N° 232).

N° 258. *Pentagone qui sert de base au prisme* 259, *et à la pyramide* 260 A; *est la base de la pyramide* 261, *et du prisme* 262.

N° 263. *Mesurer un canal, ou le vide d'un bassin, dont les parois sont en talus, soit pour savoir combien il y a de terre à déblayer, ou pour connaître le contenu d'eau; enfin, pour mesurer la solidité de la maçonnerie, qui forme les côtés du canal ou le tour du bassin.*

Le vide ABCD peut être considéré comme un tronc de pyramide (N° 240), ou comme des prismes (238 et 239), suivant la forme du canal ou du bassin; les angles peuvent être saillans comme au N° 239; s'ils sont rentrans, on tournera la figure, et l'on aura les mêmes résultats, soit pour le solide et l'excavation. On cherchera la solidité, en décomposant la figure en parallélipipède, en prisme et en pyramide.

Des solides qui ont pour base un cercle, et sont terminés par une surface courbe.

N° 264 *à* 277. *Le cône* N° 264, est un solide compris entre un cercle qui lui sert de base, et une surface courbe décrite par le mouvement d'une ligne droite, qui tourne autour du sommet S, et qui touche continuellement la circonférence du cercle ou la base.

Une ligne CD, tirée du sommet du cône, perpendiculairement sur le plan de la base AB (N° 277), détermine la hauteur du cône qu'on nomme *axe*.

N° 265. *Développement du cône droit.* Soit divisée en un nombre de parties quelconques, la circonférence qui sert de base au cône : puis avec un rayon égal au profil S3 du cône, soit décrite du centre *f* la portion du cercle sur laquelle on portera les mêmes divisions marquées sur la base du cône 0, 1, 2, 3, 4, 5 ; de manière que la courbe sera le développement du cercle, suivant le N° 65 : on aura *f*, 5, 4, 3, 2, 1, 05 pour développement du cône.

Si le cône était coupé par un plan oblique, tel que AD, on aurait une ellipse, dont le développement s'obtiendrait ainsi : On projettera sur la base du cône les divisions faites sur la circonférence, comme l'indiquent les chiffres 0, 1, 2, 3 ; par ces points, on mènera des droites au sommet sur les lignes 264 et 265, ces droites rencontreront AB en BC. Par les points B, C, D, on mènera des parallèles à la base jusqu'à la rencontre du profil du cône ; puis on prendra toutes les longueurs SA, S*b*, S*c*, S*d*, que l'on portera de *f* en *a*, *f* en *b*, *fe*, *fd*, et l'on fera passer une courbe par tous les points *a*, *b*, *c*, *d*, *e*; on aura le développement de l'ellipse et du cône tronqué.

Pour avoir la surface du cône droit, il faut multiplier la circonférence de la base par la moitié du cône S3 ; on multiplie la hauteur par la moitié de la circonférence.

Quand on parle de la surface des corps, soit prismes, cylindres, cônes ou pyramides, on entend le contour de ces solides, sans y comprendre les bases, à moins qu'on ne l'explique.

Ainsi on dit la surface convexe d'un cône ou d'un autre solide.

N° 266. *Cercle considéré comme base ou projection horizontale du cône, du cylindre et de la sphère.* On mesure la surface du cercle suivant le N° 202.

N° 267 et 277. La *solidité du cône.* Elle s'obtient comme les pyramides 260, 250, 241.

N° 267 *bis.* La *solidité d'un cylindre quelconque, droit ou oblique, est égale au produit de sa base par sa hauteur.* Un cylindre est un prisme qui a pour base un polygone d'une infinité de côtés. (N° 259.)

N° 268. Lorsque le cercle se projette sur un plan parallèle à sa surface, il reste cercle; si le plan est oblique, on obtient une ellipse.

N° 269. La projection de la sphère est un cercle lorsque le plan est perpendiculaire à son axe; elle est elliptique lorsque le plan est oblique. (N° 270.)

La sphère est un corps terminé par une surface courbe dont tous les points sont également distans du centre, dont tous les rayons et tous les diamètres sont égaux entre eux, et dont chaque axe est un diamètre. Si l'on coupe une sphère par un plan, la section sera un cercle.

La *solidité de la sphère est égale* au produit de la surface de ce corps, par le tiers de son rayon; ou la solidité de la sphère est égale au produit de la surface d'un de ses grands cercles, par les deux tiers du diamètre.

La *solidité de la sphère* est égale au quadruple de la surface d'un de ses grands cercles, multiplié par le tiers du rayon.

La *solidité de la sphère* est les deux tiers de la solidité du cylindre circonscrit, car la solidité du cylindre circonscrit est égale au produit de la surface de sa base, laquelle est un grand cercle de la sphère, par la hauteur de ce cylindre qui est égal au diamètre de cette même sphère.

La *surface d'une sphère est égale à la superficie convexe du cylindre circonscrit.* En voici deux exemples, dont le diamètre est 14 mètres, et l'autre est le globe terrestre. Il faut multiplier le diamètre par la circonférence; le produit sera la surface de la sphère. Multipliant ensuite le tiers de cette surface par le rayon, on aura la solidité.

	14 diamètre.
	44 circonférence.
	56
	56
	616 surface.
le $\frac{1}{3}$	205 $\frac{1}{3}$
multiplié par	7 rayons.
	1437 $\frac{1}{3}$ solidité.

Pour trouver la solidité du globe terrestre, dont le diamètre est de 2865 lieues, il faut multiplier la surface de ce globe par le tiers du rayon, on aura la circonférence du grand cercle de 9000 lieues; la surface du globe sera de 25,785,000 lieues carrées. Si l'on multiplie ce dernier nombre par le nombre 477 $\frac{1}{2}$, tiers du rayon de la terre, on trouvera pour produit 12,312,337,500 lieues cubes, solidité de la terre.

Pour le développement de la sphère, *voyez* le N° 283.

N° 271. *Mesurer la solidité d'un tube.* On mesurera l'aire du grand cercle AB et celui du petit *a b*, suivant le N° 202; on soustraira l'aire du petit cercle du grand; la différence des deux cercles sera l'aire de la couronne, dont le diamètre est AB et la largeur A *a*.

Si l'on multiplie cette différence par la hauteur, on aura la solidité demandée.

N° 272. *Des bois en grume.* Dans la mesure des bois en grume, on prend avec un cordeau, ou avec une petite chaîne, la circonférence de l'arbre, dont le diamètre est AB *a b*, à l'un et à l'autre bout; on ajoute ces deux longueurs pour en prendre la moitié, qui sera la circonférence moyenne de l'arbre; on cherchera l'aire du cercle (N° 222), que l'on multipliera par la longueur A*a*. Le produit sera le demandé.

Pour les constructions militaires. Un ordre

du ministre prescrit de trouver la solidité du bois équarri, contenue dans un arbre en grume; on procédera de la manière suivante :

On cherchera, comme ci-dessus, la circonférence moyenne, on prendra le cinquième de cette circonférence moyenne, et on le multipliera par lui-même; le produit sera multiplié par la longueur totale de l'arbre; ce dernier produit sera l'expression de la solidité du bois équarri que l'on aura tiré du bois en grume.

N° 273. Cette figure fait voir la pièce de bois équarri, sortant de la forêt pour le toisé; il faut prendre son équarrissage au milieu, ou mieux encore aux deux bouts, car il est rare qu'il soit égal aux deux bouts. Quand une pièce a deux grosseurs, il faut la mesurer à deux fois, chercher les solidités des deux prismes, et l'écrire séparément.

N° 274. *Observations.* Quand on équarrit les bois dans les forêts, on ne fait qu'enlever l'écorce dans de certaines parties, de manière que le bout de la pièce de bois a la forme A *b* C *d*. Pour prendre les grosseurs, si la pièce est bien équarrie, comme ABCD, on mesure la hauteur AD et la largeur AB; mais il arrive rarement d'avoir une pièce de bois à vives arêtes dans toute sa longueur; il y a toujours des flaches, il manque souvent quatre arêtes, et il faut rabattre la moitié des flaches pour remplir les autres.

Quand on prend ces mesures, il faut de la conscience et de la bonne foi de la part des experts ou des personnes qui mesurent, pour diminuer les flaches et rejeter l'aubier, ainsi que tout le mauvais bois, tel que A *a* B ou B *b* C.

La coupe indique le milieu de la longueur de la pièce de bois.

N° 275. *Tirer d'un arbre la poutre de la plus grande résistance.* Pour résoudre ce problème, il faut déterminer des dimensions telles que le produit du carré, de l'un par l'autre, soit le plus grand produit possible.

Soit le diamètre ABCD dans lequel il s'agit d'inscrire le rectangle; on divise le diamètre AB en trois parties semblables, 1,2; du point 2 on élevera la perpendiculaire 2 C, jusqu'à la rencontre de la circonférence en C; on formera l'angle ACB que l'on répétera en BDA; on aura le rectangle ABCD demandé.

Cette surface ABCD n'est pas celle qui contient plus de matière, mais elle offre plus de résistance que toutes celles que l'on pourrait tirer d'un même cercle AC, étant posée de champ ou perpendiculaire à la base horizontale AD.

N° 276. Lorsqu'on équarrit une pièce de bois dans un cercle tel que ADB, on coupe sur le côté tous les cylindres ligneux qu'excède le cercle inscrit dans le carré, ce qui n'a pas lieu dans la figure précédente. La hauteur AC étant plus grande que BD, elle doit contenir plus de couches ligneuses que BD ; les portions de couches ligneuses qui se trouvent donnent plus de hauteur au rectangle, et plus de résistance, et s'opposent à la rupture de la pièce.

Il est à remarquer que toutes les couches ligneuses, cylindriques et concentriques, n'ont pas une égale force, les couches les plus voisines du cœur sont les plus dures et les plus résistantes.

N° 277. *Voyez* le N° 266.

N° 278. *Mesurer la solidité de deux troncs de cône dont le petit diamètre est le même.* On mesurera l'aire du grand cercle AB et du petit CD (N° 202); on prendra la différence du produit des deux cercles, que l'on multipliera par la hauteur P*p;* si les deux petits cercles n'avaient pas le même diamètre, on prendrait la moyenne des bases.

N° 279. *Mesurer le contenu d'un tonneau. Les diamètres* CD AB *sont pris intérieurement.* On mesurera l'aire du grand et du petit cercle AB BD, on prendra la moitié de la somme des deux cercles, on la multipliera par la longueur P*p;* on aura, à très-peu près, la valeur du tonneau.

N° 280 à 282. *Développement d'un cylindre.* Le N° 280 en est la base; on la divisera en un nombre quelconque de parties égales, de manière à pouvoir développer la circonférence et à projeter les points de division sur la projection verticale.

N° 281. *Projection verticale du cylindre*. Sa base supérieure est coupée obliquement ; on trace sur cette projection des droites provenant des divisions faites sur la base.

N° 282. *Développement du cylindre*. On fera une droite GH égale à la circonférence N° 67, sur laquelle on marquera toutes les divisions faites sur le N° 280; on élèvera des perpendiculaires à toutes ces divisions, on leur donnera pour hauteur les droites marquées sur le cylindre et correspondantes aux mêmes divisions, tel que *df* correspond à DF, et la ligne qui passera par tous les points 2 *d a* 3 *e*, sera la développée de l'ellipse, qui limitera le développement du cylindre dont la hauteur est EDF.

Si les deux bases du cylindre étaient parallèles, le développement serait un rectangle dont la hauteur serait égale à l'axe du cylindre, et la longueur égale au développement du cercle.

N° 283 et 284. (Cette dernière est sur une échelle double). *Globe, c'est la même chose qu'une sphère* (N° 269). *De sa construction et de son développement*. La surface du globe n'est pas développable, mais pour sa construction on la développe par portions ou par degrés.

Soit qu'on veuille développer la section ABC,

on commencera par développer l'arc AB en ligne droite *a b* (N° 284), suivant les N° 65 à 67, puis sur une perpendiculaire élevée au milieu de *ab*, on développera le rayon AC, puis on le divisera en un nombre de parties quelconques, trois, par exemple, *o*, 1, 2, *c*, ensuite on divisera le quart du cercle, *o*, 3, en trois parties, que l'on projettera sur le rayon *o*C, et du centre C, avec les rayons provenant des divisions projetées, on décrira les arcs DD, EE; on développera chacun des arcs tels que *dd*, *ee*, et l'on fera passer une ligne par tous les points *adec*; elle donnera le développement de la section ABC.

N° 285 et 286. *Mesurer la solidité des corps irréguliers, tels que des fruits ou des coquilles*, etc. Si l'on veut connaître la solidité d'un corps très-irrégulier, comme serait une pierre brute, on mettra le solide proposé dans un vase régulier, tel qu'un parallélipipède, ou un cylindre; on remplira ce vase d'eau, ensuite on retirera le corps hors du vase, puis on mesurera très-exactement le volume de la partie du vase qui se trouvera vide; ce volume sera, à très-peu de chose près, égal à celui du corps solide qu'on aura plongé dans le vase.

7.me Leçon. Des Echelles et des Instrumens.

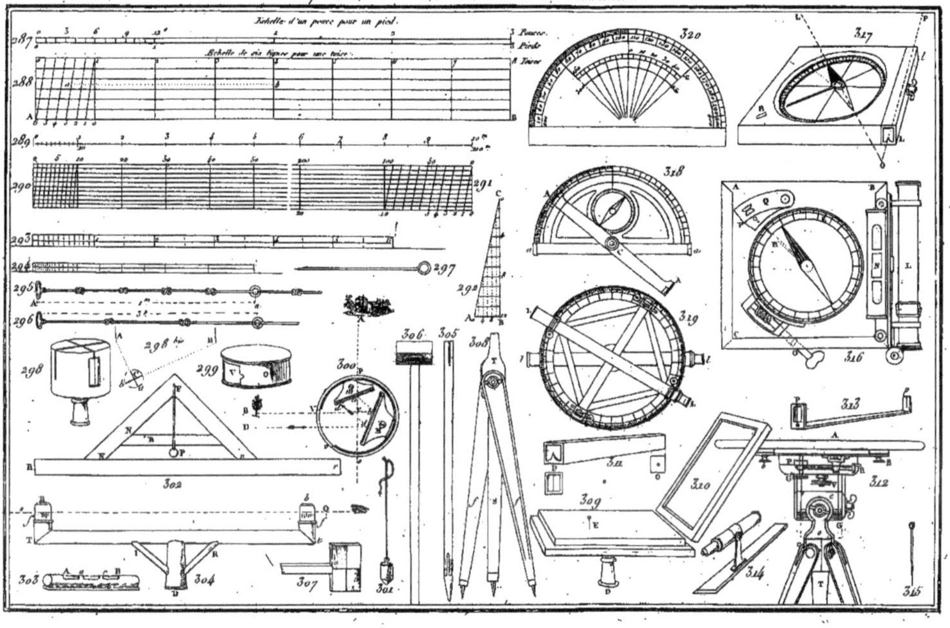

Echelle d'un pouce pour un pied.

Echelle de six lignes pour une toise.

Pouces.

Pieds.

Toises.

DEUXIÈME PARTIE.

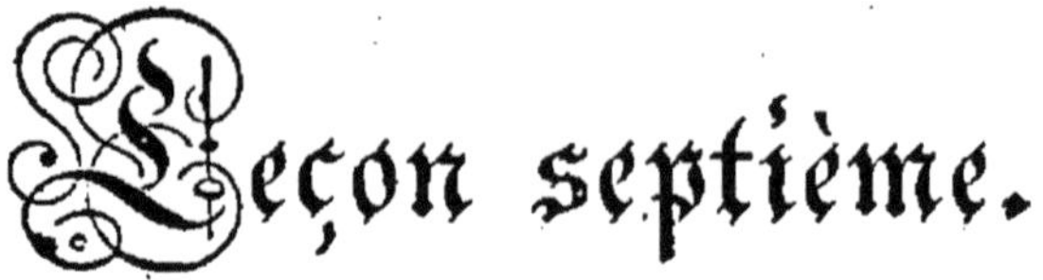

Leçon septième.

DES ÉCHELLES ET DES INSTRUMENS.

N° 287 à 290. *Des échelles.* Il y a des échelles de différentes espèces, appropriées à différens usages. Celle en usage pour le dessin graphique est une ligne divisée en parties égales et placée au bas d'un plan ou d'une carte, pour servir de commune mesure à toutes les parties du plan, ou à tous les lieux d'une carte. Pour la construction d'un plan, l'échelle sert à établir plusieurs objets dans des rapports donnés ou pris à volonté; c'est par leur secours qu'on représente en petit, et dans de justes proportions, les dimensions que l'on a prises sur le terrain; l'échelle des parties égales est très-variée, comme elles sont la base des moyens d'expression qu'on emploie pour les objets qu'on représente.

Il y a les échelles duodécimales, dont on a fait usage jusqu'à l'établissement des mesures métriques; les échelles décimales ou métriques;

les unes et les autres, se tracent sur deux lignes parallèles, on les construit au moyen du pied de roi ou d'un décimètre bien divisé. On ne doit jamais faire l'échelle au hasard, elle doit toujours être en rapport au pied de roi ou au mètre. Quoique la grandeur d'une échelle soit arbitraire, il faut, lorsqu'on en construit une, la proportionner à la grandeur du plan auquel on la destine, et à l'étendue du terrain que ce plan doit représenter.

Méthode pour construire géométriquement les échelles, pour grandir ou diminuer. (*Voyez* les N° 120 à 125.)

N° 287. Échelle simple; elle est composée de deux lignes parallèles, quelquefois d'une seule. Lorsqu'il y en a deux, le trait fin est en dessus et le trait du dessous est un peu plus gros. On a soin de mettre les divisions secondaires, ou de détail, avant le commencement de l'échelle, et sans les y comprendre; on ne commence à compter les pieds ou mètres qu'après les parties de subdivisions, et l'on écrira au-dessus, échelle de la dénomination d'un pouce par pied, ou deux pouces par pied, etc., ou enfin le rapport avec la grandeur des objets $\frac{1}{12}$ $\frac{1}{6}$, etc. Veut-on représenter, par le moyen de cette échelle, une distance de 2^p 2°? on prendra une ouverture de compas égale à l'intervalle de deux grandes divisions et deux petites; cette grandeur, tracée sur le papier, représentera 2 pieds 2 pouces.

L'échelle peut être de 3 pouces, grandeur naturelle, ou d'un pouce pour pied.

N° 288. *Échelles de dixme.* Pour construire une échelle de 6 lignes pour une toise, sur une ligne droite donnée, telle que AB, on la divisera en parties égales de 6 lignes ; les unes représenteront l'unité de mesure dont on s'est effectivement servi sur le terrain, et les autres un certain multiple de cette unité en six, puisque c'est une échelle de toise dont il s'agit. Aux extrémités, on abaissera deux perpendiculaires, Ao, B8, que l'on divisera en six parties égales et de longueur arbitraire ; on mènera des parallèles par toutes ces divisions, comprises entre Ao, B8 ; du côté gauche, on divisera l'unité en six, et l'on mènera des diagonales ou transversales que l'on voit dans la ligne 1, 1, et autant de parallèles à cette droite 1, 1 qu'il y aura de divisions. Pour avoir, sur cette échelle, 4to 2^{p} 5°, on placera le compas de *b* en *a*, et l'ouverture *a b* sera la demandée. (*Voyez* le N° 292.)

N° 289. *Échelle décimale ou métrique.* Le système décimal présente l'avantage que sur une même échelle les dénominations et les valeurs peuvent changer, mais la proportion reste toujours la même ; il suffit d'écrire des chiffres au-dessus et au-dessous des divisions qui indiquent des valeurs différentes; la division supérieure indique de plus grandes dimensions, puisqu'elle est de grandeur naturelle, 10 centimètres ou un décimètre, qu'on lui a donné la valeur de 10 mètres, et que les chiffres de l'échelle inférieure la portent à 100 mètres sans avoir rien changé; il a suffi d'ajouter un o à chaque unité; on peut en ajouter deux et l'échelle aura la valeur de 1000 mètres et plus si on le désire, alors elle n'aura d'autre utilité que pour les plans généraux, tandis que l'échelle supérieure servira pour les plans particuliers et les détails.

N° 290. Échelle de dixme. Elle ne diffère de la précédente que par les transversales qui permettent de prendre les plus petites valeurs. On peut lui donner pour dénomination :

Échelle de 100 millimètres pour 1 mètre.
Id. de 10 *id.* pour 1^m ou 10^m ou 100 mètres.
Id. de 100 *id.* pour 100^m ou 200 mètres.
Id. de 100 *id.* pour 100^m ou 1000 mètres.
De 1 à 10,000, etc.

N° 291. Double de la précédente; elle aura pour valeur 1 à 5,000, etc.

N° 292. Le triangle qui a pour base AB et pour hauteur BC, n'est ici que pour faire voir l'avantage de la transversale, qui donne très-exactement la plus petite division. Pour avoir le douzième de AB, il serait difficile de la prendre avec le compas, mais en élevant la perpendiculaire indéfinie BC, on portera sur cette droite BC 12 parties égales, de longueur arbitraire; on tirera CA, et, par tous les points de divisions sur BC, on mènera des parallèles à AB : elles détermineront, la première $\frac{1}{12}$, la deuxième $\frac{2}{12}$, la troisième $\frac{3}{12}$, etc. On peut prendre très-facilement la vingt-quatrième partie, ou telle autre partie que l'on voudra, entre chacune des divisions, en prenant le quart, la moitié, ou le tiers de chaque division.

N° 293. *De la toise.* Seule mesure usitée en France avant l'usage du mètre; sa longueur était très-variable en Europe, elle n'était même pas uniforme en France; elle servait à mesurer les terrains, et donnait la longueur des lieues de 25 au degré. La toise se divise en 6 pieds, le pied en 12 pouces, le pouce en 12 lignes, et la ligne en 12 points.

N° 294. *Du mètre.* Le mètre, mesure linéaire actuellement en usage en France, est la dix-millionième partie du quart du méridien terrestre. Le mètre a de longueur 3 pieds 0 pouce 11 lignes 296 de la toise de Paris; sa longueur se divise en 10 décimètres, le décimètre en 100 millimètres : le mètre a donc 1000 millimètres.

Mesures agraires. Hectare, 10,000 mètres

carrés; are, 100 mètres carrés; centiare, 1 mètre carré.

Le double mètre brisé. Il est composé de deux bâtons ronds, d'un mètre de longueur, et divisés chacun en décimètres et centimètres; l'un de ces bâtons est garni d'un écrou et l'autre d'une vis, au moyen de laquelle on les réunit ou on les sépare, suivant les circonstances. (*Voy.* N° 322.)

N° 295 et 296. *De la chaîne d'arpenteur.* Elle est fixée, pour toute la France, à un décamètre de longueur; elle est quelquefois de 10 à 20 mètres divisés en 50 ou en 100 doubles décimètres, liés les uns aux autres par des anneaux en cuivre. Il y a un anneau un peu plus gros que les autres pour qu'on puisse compter plus facilement chaque mètre, qui est divisé encore en deux parties égales. La chaîne se trouve partagée de 5 en 5 centimètres en décamètre; il y a à chaque bout, un anneau qui fait partie de la longueur de la chaîne; il est assez grand pour y passer deux ou trois doigts. (*Voy.* N° 326.)

N° 297. *Des fiches.* Elles sont ordinairement en fil de fer, de 5 à 6 décimètres de hauteur, 18 à 20 pouces; elles sont pointues d'un bout, et portent un anneau à l'autre extrémité (*voy.* N° 326) : il en faut ordinairement dix pour mesurer avec la chaîne.

N° 298. *De l'équerre d'arpenteur.* Elle est en cuivre, sa forme est ronde ou à huit pans ; elle a quatre fentes perpendiculaires qui servent de pinules afin de prolonger le rayon visuel ; souvent on partage l'angle droit en deux, afin de pouvoir prendre ou former des angles de 45 degrés ; au-dessous et au centre de l'instrument, se doit monter à vis une douille qui sert à soutenir l'équerre sur son pied. (*Voy.* N° 308.)

N° 298 *bis. Vérification de l'équerre.* On ira sur le terrain et on fera placer deux jalons AB, dans la direction des deux rayons visuels CA, CB ; on tournera ensuite l'équerre de manière qu'en regardant par les pinules *a b* pour voir si les rayons visuels *a*C*b*CB correspondent exactement aux jalons AB, si ces deux jalons s'aperçoivent en tournant ainsi l'équerre sur ses quatre côtés, on pourra conclure que l'équerre est bonne. On fera la distance AC et CB le plus loin possible.

N° 299 et 300. *Équerre à réflexion* (1). Elle est composée d'une petite boite en cuivre

(1) La théorie et les avantages de cette équerre seront démontrés par M. Brianchon, capitaine et professeur des sciences physiques et mathématiques à l'école d'artillerie de la garde royale, dans un ouvrage intitulé : *Géometrie militaire*, qu'il doit publier sous peu. C'est en 1820 que

cylindrique, semblable à une tabatière, de 6 à 7 centimètres de diamètre et de 3 de hauteur; l'instrument n'a pas besoin de pied; on le tient à la main, de la droite ou de la gauche, suivant que l'on veut opérer de l'un ou de l'autre côté. Une vis de rappel, placée sur le côté, peut rectifier l'instrument s'il n'était pas juste.

N° 299. *Equerre vue extérieurement.* V indique la fenêtre par où les objets viennent se réfléchir dans l'intérieur; *o*, l'ouverture où se place l'œil pour apercevoir les objets.

N° 300. *Coupe horizontale de l'équerre* pour faire voir la position des miroirs M*m*. Les ouvertures *o*P servent de pinule; l'œil se place à la première, qui peut être ronde ou rectangulaire: l'autre ouverture P a la forme rectangulaire et placée verticalement, pour mieux laisser plonger ou élever le rayon visuel qui passe dans cette direction. La fenêtre V*v* n'est ouverte que quand on se sert de l'instrument; elle sert à laisser passer l'image de l'objet B, qui vient se peindre en *b* et se réfléchir en *a*; de

---

j'ai fait exécuter cette équerre pour la première fois *, et elle n'a jamais été décrite dans aucun ouvrage. Les géomètres qui ont eu occasion de s'en servir depuis trois ans, ne peuvent plus se servir de l'équerre N° 298.

* Chez M. Rochette jeune, *au Griffon*, quai de l'Horloge, à Paris, où on la trouve; et chez Audin, quai des Augustins, n° 25.

manière qu'il se trouve au-dessus de l'objet visible lorsqu'on regarde à gauche, et au-dessous lorsqu'on regarde à droite. *m*, petit miroir placé verticalement sur le fond de la boîte et vis-à-vis de l'observateur; son plan vertical est incliné de 22° $\frac{1}{2}$ sur la droite P*o*, qui sert d'alidade. M, grand miroir dont la face est placée en regard du premier, ils font entre eux un angle de 45°; de cette disposition il résulte que si on voit du point *o* l'objet A au-dessus du miroir *m*, on apercevra dans ce même miroir les objets qui se peignent dans la glace M, tel que B qui vient se peindre sur le miroir M au point *b*; ce miroir le réfléchit au point *a* de la glace *m*, juste sur la ligne qui vient directement de l'objet A: on aura donc l'angle ACB de 90°, si les miroirs sont placés convenablement.

Usage de l'équerre. Étant sur le terrain, du point C élever une perpendiculaire sur A*c* ou B*c*: on fera marcher un porte-jalon à droite ou à gauche, suivant la nécessité, en face si besoin est. Supposons que *c*A soit donné et que le porte-jalon soit en D, son image viendra se peindre en *d* et se réfléchira en *d'* qui ne sera pas sur la direction A*c*; on fera marcher D vers B, jusqu'à ce que son image vienne se peindre en *b* et de là en *a*; alors le point D étant transporté en B, on aura le point C au sommet de l'angle droit BCA, puisque l'image de B coïncide avec le point A.

Les points A *et* B *étant donnés, former un angle droit.* L'observateur étant placé à peu près au point C, tenant de la main droite l'équerre, regardera au point *o* en se dirigeant vers A; il marchera sur la direction *o* A jusqu'à ce que B vienne se réfléchir sur le miroir *m*, au point *a*, sur la direction AC.

On voit que pour élever une perpendiculaire, ou pour se trouver au sommet d'un angle droit, il faut peu de tâtonnement; ce qui est d'un avantage extrême, c'est qu'on n'a pas besoin de faire de stations et de replacer plusieurs fois le pied de l'instrument pour recommencer de nouveau à tâtonner; il est très-facile de faire coïncider les deux images ensemble, ce qui est d'un avantage extrême pour les N° 335 à 337.

N° 301. *Fil à plomb*; petite masse de cuivre ou de plomb, suspendue à un fil ou une ficelle; ce fil doit avoir de la souplesse sans être sujet à s'étendre; on s'en sert pour mettre les jalons d'à plomb; pour marquer la verticale qui passe par le pied d'un jalon et le centre de l'aiguille placée sur une planchette; pour avoir sur le terrain le centre du graphomètre, etc. (*Voy.* Planchette, Jalon, Graphomètre.)

N° 302. *Niveau de maçon.* Il est composé de trois règles de bois qui sont assemblées en triangle équilatéral, ou en triangle rectangle; ce dernier offre une plus grande étendue à sa base, et son angle de 90°, présente des avantages dans beaucoup de cas, soit pour former des angles droits, ou même pour niveler, ou pour poser les corps verticalement sur un plan : il est très-en usage pour les petits nivellemens qui se font à la règle; R*r* est la règle bien droite et bien parallèle; N*n*F indiquent l'équerre, elle est réunie par une barre B divisée à son milieu par un petit trait qui correspond à un petit trou F d'où sort le fil à plomb P; la droite FP est bien perpendiculaire aux deux pieds N *n*, qui eux-mêmes sont dans un plan bien horizontal.

N° 303. *Niveau à bulle d'air.* Tube de verre d'une longueur et d'une grosseur qui varient suivant l'usage qu'on en veut faire; les bouts en sont scellés hermétiquement par la matière même, pour retenir le liquide et la bulle d'air qui s'y trouvent enfermés; il est recouvert par un tube de cuivre qui a dans son milieu une ouverture AB, au milieu de laquelle on observe la position et le mouvement de la bulle d'air *ar*; lorsque la bulle d'air vient se placer au milieu de l'ouverture, elle fait connaître que le plan sur lequel l'instrument est posé est exactement de niveau; lorsque ce plan ne l'est pas, la bulle d'air s'élève vers l'une ou l'autre des extrémités : le tube en cuivre repose sur une règle de même métal, bien dressée et dans un plan parallèle avec l'axe du tube qui contient le liquide, qui est de l'esprit-de-vin ou de l'acide nitreux.

N° 304. *Niveau d'eau.* Il est composé d'un tube, ou cylindre de fer-blanc T *t*, de 12 à 13 décimètres de longueur sur 3 à 4 centimètres de diamètre, recourbé aux extrémités de 5 à 6 centimètres, et de diamètre égal ; on adapte aux extrémités recourbées, deux tubes de verre B *b*, de 8 à 9 centimètres de hauteur ; ces tubes sont percés, à leurs extrémités B*b*, d'une ouverture moindre que le diamètre du tube : on ajuste ces verres en *f* avec de la filasse ou du mastic ; le grand tube T *t* est porté à son milieu par une douille D, maintenue par les deux brides R*r*, qui servent aussi à empêcher le cylindre T*t* de fléchir sous le poids de l'eau. L'instrument est porté par un pied N° 308, qui entre dans la douille D.

Pour obtenir deux surfaces de niveau, on remplit d'eau cet instrument, lorsque les deux surfaces de liquide ne tranchent pas parfaitement, on recouvre chaque verre d'une boite de fer-blanc échancrée, dont les deux parties opposées sont enduites de noir ; par ce moyen, l'eau qui remplit le niveau paraît noire, et les deux surfaces de niveau, O *o*, tranchent parfaitement sur l'atmosphère pendant le jour. Le rayon visuel O*o* va de l'œil à l'objet par un plan tangent à la surface de l'eau; ainsi l'œil et l'objet observé doivent se trouver dans un plan de deux surfaces de niveau. (*Voyez*, pour la pratique, les N° 395 et 396.)

N° 305. *Jalon*, morceau de bois blanc de 2 mètres environ de longueur et de 4 centimètres d'équarrissage. Il est rond ou à huit pans, un bout est refendu pour mettre un morceau de papier, et l'autre extrémité porte un sabot en fer pour être enfoncée dans la terre.

Son usage est de déterminer les alignemens, de conserver des points de repaire.

N° 306. *Mire* ou *Signal*. C'est un autre jalon de 3 à 4 mètres de longueur, divisé en mètres et parties de mètre; il est ferré à l'un de ses bouts, et porte un voyant à l'autre extrémité. Il est divisé en deux compartimens, l'un blanc et l'autre noir, pour que le plan qui passe par l'œil et la surface de l'eau passe aussi par la séparation des deux teintes.

N° 307. Ce voyant est traversé par une règle de 2 mètres de longueur, et divisé aussi en centimètres; on applique ce voyant, qui est divisé en quatre compartimens blancs et noirs, le long du plus grand ou contre un jalon, pour le faire monter et descendre à volonté. (*Voy.* N° 396.)

N° 308. *Trépied* ou *pied de planchette, de graphomètre, de boussole et de niveau d'eau.* Il est en bois et composé d'une tige T, qui entre dans la douille des instrumens, et de trois supports *fSf*, qui ont chacun 12 à 13 centimètres de longueur : ils sont armés de trois pointes de fer, qui servent à fixer le trépied où l'on veut. Ses supports sont fixés au bas de la tige par une vis et un écrou, de manière qu'on peut les approcher ou les éloigner les uns des autres, suivant l'égalité ou l'irrégularité du terrain sur lequel on est obligé de se placer pour opérer.

N° 309. *Planchette.* Tablette de bois blanc, unie et de forme rectangulaire, d'environ 60 centimètres de côté ; elle est encadrée d'un châssis. On la fait tourner en tout sens sur un genou, qui porte une douille D, et qui entre dans le pied.

N° 310. *Châssis mobile de la planchette.* Il est composé d'un châssis en bois dur, assemblé à tenons et mortaises, portant une feuillure pour entrer fortement dans la feuillure de la planchette. Son but est de recevoir une feuille de papier, et de la tenir solidement fixée sans coller le papier, ce qui fait l'effet du tiratore. Il vaut mieux prendre la peine de coller le papier. (*Voy.* N° 508.)

N° 311. *Alidade.* Pour faire usage de la planchette et pour opérer sur le terrain, il est nécessaire d'avoir une alidade; elle peut être de bois ou de cuivre. La première est peu exacte pour les grandes opérations ; elle est composée d'un parallélipipède rectangle, évidé dans son intérieur : chacun des bouts est revêtu d'une plaque en cuivre, dans laquelle on fait un petit trou O pour placer l'œil. A l'autre extrémité, est une autre ouverture plus grande, au milieu de laquelle on ménage une petite languette P, terminée en pointe. Le tout est tellement disposé de part et d'autre, qu'en dirigeant un rayon visuel, à partir du trou qui est fait du côté de l'œil, on aperçoit dans l'alignement l'extrémité de la petite languette P.

L'alidade, ainsi construite, sert de règle; elle se place sur la planchette, et elle est assujettie à toucher une aiguille E piquée sur la planchette. Une telle alidade étant susceptible de variation, on doit se servir des N° 313 et 314.

N° 312. *Planchette à la Cugnot.* Cette planchette diffère de la précédente, et lui est préférable, à juste raison, par son mouvement particulier, propre à la ramener dans une situation horizontale, et lui permettre de pirouetter ensuite autour de son centre sans perdre l'horizontalité.

La tablette A est destinée à recevoir le papier sur lequel on dessine le levé. Elle est carrée ou rectangulaire, suivant l'usage qu'on en veut faire. Le dessous porte un châssis garni d'un écrou de cuivre encastré dans le bois ; le châssis tient à la table par le moyen de huit vis de cuivre, dont les têtes s'enfoncent dans le châssis. Ce châssis a la facilité de s'enlever, parce que la table entre en coin dedans.

Le pied de la planchette a son sommet composé d'un genou porté par le trépied T; la tête O du trépied est refendue de la largeur du cylindre C, et porte deux oreilles parallèles, dont une seule est visible en O; elles sont forcées de s'appliquer, avec plus ou moins de force près du cylindre, par un écrou de pression placé à l'extrémité du boulon qui les traverse. Le cylindre C est encore traversé par un autre boulon perpendiculairement au premier; il traverse deux languettes fixées à un plateau circulaire P. On voit que ce genou G est à double mouvement, et assujetti au moyen d'une vis de pression V ; son mouvement de rotation est lent, il se fait au moyen d'une vis de rappel R, et l'on peut ôter la planchette A, sur laquelle repose le plan, en desserrant les vis B*b*.

Pour construire une semblable planchette, il faut voir les dessins et la description de M. Cugnot, dans sa *Théorie de la Fortification*, 1778.

La planchette est mobile ; on la met de niveau au moyen du niveau à bulle d'air que l'on place sur la surface supérieure; après avoir bien assujetti les trois pieds, on laisse une charnière serrée, et l'on desserre l'autre autant qu'il est besoin pour pouvoir faire pencher la planchette facilement. On pose le niveau dans la direction du boulon de la charnière qui est serrée, et l'on baisse doucement la planchette, tantôt d'un côté, tantôt de l'autre, jusqu'à ce que la bulle d'air, renfermée dans le tube, se trouve au milieu du tuyau. La planchette étant mise de niveau sur une charnière, on la serre et l'on desserre l'autre, sur laquelle on met la table de niveau de la même manière. Pour l'usage, *voyez* les N° 338 et suiv.

N° 313. *Alidade en cuivre.* Régle dont on se sert pour tirer des lignes sur le papier qui est tendu sur la planchette. Aux extrémités de la règle sont fixées deux pinules qui lui sont perpendiculaires, et dont le milieu des ouvertures forme quelquefois, avec l'un des bords de la règle, une seule et même ligne. On se sert des deux pinules pour déterminer un rayon visuel dirigé du point où l'on est sur un objet quelconque, et de la règle pour tirer sur le papier une ligne droite correspondante à ce rayon. Les pinules doivent être assez hautes pour que l'on puisse mirer sur les élévations ou dans les enfoncemens. Comme ces alidades ne sont bonnes que pour de petites distances, on y a substitué le N° suivant.

N° 314. *Alidade à lunette.* Elle se compose d'une règle de cuivre ; sur la large face supérieure s'élève un support ou colonne pour porter une lunette. Son tube contient dans son intérieur, à une distance déterminée de l'objectif, un *réticule* composé de deux fils de soie, où l'on trace sur le verre deux lignes perpendiculaires l'une à l'autre. Leur intersection sert à placer l'axe de la lunette avec l'un des côtés de la règle, et de deux pinules verticales, surmontées quelquefois sur la lunette.

N° 315. *Aiguille très-fine.* Avec de la cire d'Espagne on lui forme une tête, pour avoir plus de facilité à l'enfoncer au point donné sur la planchette ; elle doit être placée perpendiculairement au papier. Son point, sur la planchette, représente celui du terrain ; on applique contre l'aiguille le côté de l'alidade, et on la fait tourner ou glisser autour de l'aiguille.

N° 316. *Boussole à lunette et à niveau* (1). Les avantages de la boussole sont immenses pour former des périmètres, particulièrement dans les pays couverts. On a l'avantage, en même temps que l'on rapporte ses opérations sur le terrain, de coter les angles que l'aiguille aiman-

(1) Elle est de l'invention de feu Maissiat, chef d'escadron au corps royal des ingénieurs-géographes militaires. Son Mémoire a été imprimé en 1818.

tée a indiqués. Ces cotes sont pour servir, au besoin, à vérifier les directions que l'on a rapportées, et de l'orientation desquelles on sera sûr, si une enceinte est fermée sans erreur sensible, où si elle s'appuie sur des points calculés.

Ses avantages sont de supprimer les lignes de déclinaison, de servir de niveau, de mesurer des angles verticaux et horizontaux. Lorsque l'aiguille aimantée se trouve dérangée par quelques causes accidentelles, alors, mettant la boussole dans une position verticale, on peut, comme avec la planchette ou tout autre instrument, s'orienter sur un jalon au moyen des pinules du niveau, et prendre avec l'alidade à vernier la direction sur un autre jalon, pour avoir l'angle horizontal que ces deux directions font entre elles.

Description de la Boussole.

ABC, boîte en bois, dont la longueur des côtés est de 15 centimètres.

E. *Limbe ou cercle gradué.* Il peut corriger la déclinaison de l'aiguille aimantée ; il roule dans un cercle en cuivre fixé dans l'intérieur de la boîte, il est divisé ainsi que le limbe. Le mouvement du limbe se fait au moyen d'une vis sans fin.

O. Tangente à un arc de cercle, dont la convexité présente une espèce de dentelure que le pas de vis oblique fait tourner.

R. Levier pour arrêter l'aiguille aimantée, lorsque l'on transporte la boussole d'un lieu à un autre. L'action du levier se communique par une petite broche placée en P, une plaque de cuivre *q* la recouvre à volonté.

La boussole est recouverte par une glace, et fermée par un couvercle que l'on introduit par le côté AB.

N. *Niveau à bulle d'air, d'un décimètre de longueur.* On peut le faire servir de niveau spécial; il offre des moyens de vérification, en mettant d'accord le niveau avec l'axe optique de la lunette aux extrémités du niveau. Il y a de petites pinules construites de manière que leur rayon visuel soit parfaitement parallèle à la surface de l'eau; quand la bulle d'air est au milieu du tube, elles servent à prendre des angles horizontaux. Le niveau est fixé à une règle qui lui donne son mouvement; cette règle est en contact avec le bois de la boussole; aux extrémités de la règle sont des pinules à vernier, auxquelles s'adapte une lunette.

L. *Lunette.* Elle fait partie de l'alidade : elle est placée dans deux supports fixés à la règle, qui porte des pinules et des divisions de degrés, et trois verniers qui permettent de lire simples et doubles les angles observés, soit en élévation, soit en dépression, dans la limite de o à 25°.

La lunette a 18 centimètres de long, et 1 centimètre de diamètre.

Les deux règles qui forment alidades ont leur mouvement de rotation ensemble sur un axe V; des vis maintiennent et facilitent le mouvement à volonté des alidades et de la lunette. On peut retrancher de cet instrument les pièces dont on n'a pas besoin. La lunette de la boussole peut s'enlever et servir d'alidade à la planchette.

N° 317. *Boussole ordinaire.* Elle est plus simple que la précédente; un bouton B donne le mouvement de rotation ou arrête le limbe fixé à ce bouton au fond de la boîte.

L*l*. *Alidade de la boussole.* C'est ordinairement un parallélipipède rectangle en bois, évidé dans son intérieur : deux de ses dimensions (longueur et hauteur) sont les mêmes que celles de la boîte; la troisième est toujours moindre que la hauteur (*voyez* le N° 311;) elle est fixée à son milieu par un boulon qui lui sert d'axe, et lui permet toutes les inclinaisons possibles.

Effets des opérations de la boussole, relativement à l'aiguille et l'alidade avec le rapporteur. La direction de l'aiguille étant OL, celle de l'alidade étant OP, les deux directions prolongés jusqu'à leur rencontre en O, ce point donnera le sommet d'un angle, que l'on rapportera sur le papier au moyen du rapteur.

N° 318. *Graphomètre.* Instrument dont on se sert pour mesurer les angles sur le terrain. Il est composé d'un demi-cercle de cuivre, divisé en 180°, comme le rapporteur; il a deux règles, dont l'une *aa* est fixe, et fait corps avec l'instrument; au lieu que l'autre AA, nommée *alidade,* est mobile et tourne autour du centre C du graphomètre. Aux extrémités de chacune des deux règles se trouvent perpendiculairement deux platines de cuivre appelées *pinules ;* elles sont percées dans leur milieu, du haut en bas, par une fenêtre garnie dans son milieu d'un fil vertical, qui a pour but de couvrir une partie de l'objet, et le détermine d'une manière plus précise lorsqu'on regarde par la pinule opposée, percée dans son milieu par une petite fente verticale, et qui sert à diriger le rayon visuel. Le graphomètre porte une boussole dans son milieu, et il se meut sur un *genou*, qui consiste en une boule de cuivre fixée au centre et au-dessous de l'instrument; cette boule est reçue dans une emboîture, en sorte qu'elle peut tourner dans tous les sens, et qu'on peut la fixer par le moyen d'une vis. L'instrument est porté par le pied N° 308.

Il y a des graphomètres qui, au lieu de pinules, portent à chaque règle une lunette.

319. *Cercle répétiteur.* Il sert à mesurer les angles sur le terrain. Ce cercle a de diamètre

de 4 à 12 pouces, ou 10 à 32 centimètres; il a deux lunettes, il est porté par une petite colonne qui lui sert de pied ou d'axe, et est fixée perpendiculairement sur un trépied, ainsi qu'au cercle qui tient à ce trépied. Ce cercle est divisé, et des engrenages ou pignons, donnent à la colonne du pied, et à tout l'instrument, un mouvement azimutal sur son axe intérieur; des vis de pression peuvent arrêter ce mouvement; un support et une tige fixes au cercle, lui impriment son mouvement et son inclinaison. Des vis de pression maintiennent l'instrument dans l'inclinaison nécessaire. (Le pied de l'instrument n'est pas visible.)

Description du cercle. Il est en cuivre, son limbe est divisé en 360°; la lunette supérieure LL porte des verniers qui glissent sur les divisions du limbe. Aux extrémités sont des lunettes ou microscopes pour l'estimation des divisions, *ll'*, lunettes inférieures, qui glissent sous le cercle; ces lunettes sont fixées sur des règles qui servent d'alidades; des agrafes à ressort retiennent les alidades sur le limbe sur lequel elles glissent. Cet instrument si précieux, et qui mesure les angles avec tant d'exactitude, ne saurait être décrit plus longuement, vu qu'il n'est mis en pratique que pour les grandes opérations; son mouvement ne peut être expliqué ici (1). Son usage n'étant pas à la portée de tout le monde, je renvoie à l'ouvrage déjà cité.

N° 320. *Du rapporteur.* Après avoir parlé du graphomètre et de la boussole, il faut connaître le rapporteur. Cet instrument est un demi-cercle de corne ou de cuivre de 1 à 2 décimètres ou de 3 à 6 pouces; il est divisé comme le limbe de la boussole et du graphomètre, en 180°, N° 60 et 78, qui se comptent de droite à gauche, et réciproquement de gauche à droite; ils sont marqués sur le bord ou limbe du rapporteur. M. Maissiat est l'auteur du rapporteur complémentaire dont je donne le dessin et la description, et qui réunit beaucoup d'avantages pour rapporter à la méridienne les opérations de la boussole. (*Voy.* N° 388.)

Dans l'intérieur du rapporteur, on en construit un second en se servant des rayons des dixaines de degrés tracés sur le bord de la demi-circonférence, à compter du degré 50 jusqu'à 150 (2). Cet arc est suffisant pour rapporter sur les perpendiculaires, aux méridiens, les degrés dont les angles sont trop aigus pour

---

(1) Voir l'ouvrage intitulé : *Base du Système métrique*, par Méchain et Delambre, tom. 2, 1807.

(2) A compter du degré 40 jusqu'à 130, sur le rapporteur divisé en 360.

être tracés d'une seule opération au moyen du méridien; il n'est pas nécessaire d'indiquer sur ce rapporteur les divisions des unités de degrés, parce que celles qu'on a tracées sur le bord de la demi-circonférence servent pour les deux; on fera seulement attention à la notation mise sur les rayons de dix en dix degrés. Ici le rapporteur est divisé en 400; il y en a également de divisés en 360; on se servira du rapporteur divisé comme la boussole ou le graphomètre, dont on a fait usage sur le terrain.

Les dixaines de degrés sont écrites sur la surface opposée à celle où sont tracées les divisions de la circonférence, afin qu'évitant la parallaxe de l'épaisseur de la corne, on puisse distinguer avec plus de précision la coïncidence de ces divisions avec les méridiens ou leurs perpendiculaires.

Notation du rapporteur complémentaire, divisé en 360°. Les nombres des dixièmes de degrés du second rapporteur sont écrits, à commencer du rayon qui partage la demi-circonférence, en deux parties égales. Zéro est écrit sur le rayon où est 90, les nombres $\frac{10}{190}$, $\frac{20}{200}$, $\frac{30}{210}$, etc., le seront successivement à droite, et les nombres 190, 200, 210, etc., au-dessous; les nombres $\frac{180}{360}$, $\frac{170}{350}$, etc., sont écrits à gauche du zéro, et les nombres 360, 350 au-dessous.

Par cet arrangement, l'on voit que les zéros

et le nombre semblable des deux rapporteurs sont mis sur des rayons qui forment entre eux des angles droits, et que par conséquent une direction prise sur un objet avec la boussole, et dont l'angle est donné avec le méridien, peut être rapportée en se servant des méridiens et du rapporteur de la demi-circonférence, ou en se servant des perpendiculaires et du rapporteur intérieur.

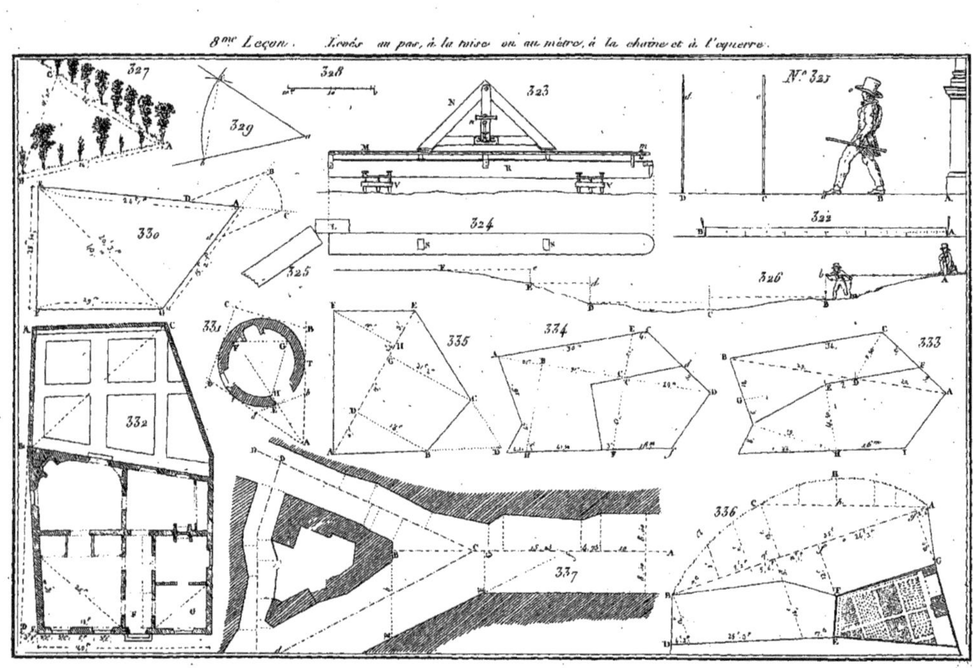
8me Leçon. Levés au pas, à la toise ou au mètre, à la chaîne et à l'équerre.
327
328
329
323
N° 321
322
324
325
326
330
331
332
333
334
335
336
337

Leçon huitième.

LEVÉES AU PAS, A LA TOISE OU AU MÈTRE, A LA CHAÎNE ET A L'ÉQUERRE.

Des levées au pas et à vue. Lorsqu'on fait un plan à vue, le figuré du terrain se trace de sentiment et sans instrument ; on indique quelques dimensions pour fixer les idées sur l'étendue du pays : la distance d'un lieu à un autre se mesure au pas, pour cela on doit s'exercer à marcher sur des distances, comme pour s'assurer de la grandeur de son pas. Si l'on marche facilement, le pas ordinaire est de $2^p\ 6^o$, et si l'on marche le pas accéléré, il est de 3^p (à peu près un mètre). La taille de l'individu est pour beaucoup dans cette opération. Les cartes ou plans faits à vue ne sont pas exacts, mais ils ne laissent pas d'être utiles à celui qui est chargé de reconnaître un pays : souvent ces sortes de vue sont faites pour l'intelligence d'un mémoire ; il faut du jugement, de la pénétration pour ce genre de dessin, de manière à faire connaître la disposition du terrain. Dans ces sortes de plans on mèle du géométral et de la perspective; toutes ces choses s'expriment par un simple trait, un contour tracé avec une plume et de l'encre.

N° 321. Lorsqu'on mesure au pas, il faut toujours suivre une direction, soit en plaçant deux jalons ou en se dirigeant sur des points fixes et très-éloignés, sans cela on n'opérerait pas juste; le pas se compte de A à B, ou de B à *a*, du talon à la pointe du pied; les jalons doivent être placés dans un même plan, et ACD en ligne droite, et les pieds de l'individu sur cette même droite. Le spectateur se dirige par le haut des jalons, et son œil *o* est dans le même plan des jalons *c d*.

N° 322. *Mesurer à la toise ou au mètre, sur un plan horizontal, le point de départ étant* A. On posera à l'extrémité de la mesure une pointe assez fine; on en posera une autre à l'autre extrémité; on conçoit que si on enlève la mesure, les deux pointes donneront parfaitement l'intervalle de la mesure; si l'on enlève la mesure pour continuer, la pointe ou la lame de couteau dont on se sera servi ne changera point de place, seulement on l'inclinera de gauche à droite. Cette opération ne peut se faire qu'à deux; elle semble longue, mais elle ne l'est pas : elle est très-exacte.

N° 323. Lorsqu'il s'agit d'opérations difficiles et qui demandent une grande précision, telles que celles qui ont servi de base au système métrique, on emploie des règles en platine, de deux toises de longueur et de dix lignes de largeur; voici la description de l'une de ces règles : il y en avait quatre semblables.

R est la pièce de bois; elle est portée par deux soles VV, armées chacune de trois pointes qui entrent dans la terre et empêchent l'appareil de charrier : sur les soles on aperçoit les tringles de fer avec les trois vis qui leur servent de pied et qu'on emploie pour les caler.

Sur la règle de bois est étendue la règle de platine recouverte de la règle de cuivre; à son extrémité se trouve placé un microscope *m*, un thermomètre et la languette.

La règle est recouverte d'un toit M, élevé environ d'un décimètre au-dessus de la pièce de bois.

N est un niveau dont on se sert pour mesurer l'inclinaison des règles, il est ferré sous ses points d'appui; une règle en cuivre sert de fil à plomb, elle porte un niveau à bulle d'air *n*, et au bas se trouve un arc de cercle de 10°, divisé en 120 parties qui valent chacune 5′; le bas, terminé en biseau, porte le vernier : le détail de ce niveau est très-compliqué, ainsi que la construction de la règle.

(*Voy.* les figures en grand et la description, *Base du Système métrique, etc.*, tom. II, par *Méchain et Delambre.*)

N° 324. *Plan de la première règle.* SS sont les supports du niveau ; ces supports sont dans un plan bien parallèle à celui de la règle : la partie d'avant de la règle est arrondie, la partie de l'arrière est à angle droit.

N° 325. *Deuxième règle, qui n'était pas mise en contact avec la première.* On avait soin de laisser un petit intervalle, qui était ensuite mesuré avec une petite languette L, que l'on mettait en contact avec un des côtés de la première règle, et l'extrémité de la deuxième qui changeait de direction, de manière que les règles ne pouvaient faire aucun mouvement, soit en les approchant l'une de l'autre, soit en les nivelant. La languette servait à mesurer l'intervalle entre les deux règles.

Ce procédé est trop dispendieux pour les opérations ordinaires. Voici donc ce qu'il faut faire pour obtenir un résultat satisfaisant : l'extrémité des règles sera ferré ; un des bouts sera cylindrique, à coulisse et bien gradué, de manière à former languette, lorsqu'on ne veut pas mettre les règles en contact. Sur un terrain à peu près de niveau, on aura des règles ferrées, d'un bout en cylindre, et de l'autre en sphère, de manière qu'elles viennent parfaitement se mettre en contact l'une à côté de l'autre, et sans laisser d'intervalle à mesurer.

N° 326. *Levé à la chaîne.* (Pour sa description, *voy.* le N° 295.) La chaîne est l'instrument le plus expéditif pour mesurer les grandes distances ; mais il faut beaucoup de précautions pour sa tension, afin que les mailles ne se croisent pas. Pour mesurer une distance, il faut deux hommes que l'on emploie à porter la chaîne, un à chaque bout. Celui qui est derrière fixe le bout de la chaîne au point de départ, l'autre va en avant jusqu'à ce que la chaîne soit tendue ; alors le premier chaîneur placé en A, aligne le deuxième placé en B sur la direction que l'on veut mesurer ; et lorsque la chaîne est bien tendue et bien horizontale, l'homme qui est devant enfonce en terre une fiche (N° 297), à l'extrémité de la chaîne, que l'on porte ensuite en avant, jusqu'à ce que l'homme qui est derrière arrive à cette fiche où il fixe le bout de la chaîne, pendant qu'il aligne de nouveau celui qui est devant lui ; celui-ci plante encore une fiche au bout de la chaîne, après quoi il la porte en avant, et l'autre le suit après avoir pris la première fiche qu'il garde, ainsi que toute les autres, pour les lui rendre lorsqu'il les a toutes. S'il y en a vingt chaque fois qu'il les rend, il compte les mètres, ou les toises, selon que la chaîne est de longueur ou de mesure différente.

Toute simple qu'est cette manière de mesurer, elle exige beaucoup d'attention, pour ne pas se tromper en comptant les chaînes, comme cela arrive souvent lorsque l'on n'en a pas une grande habitude.

Lorsque le pays est rempli d'obstacles, on fait les chaînes plus courtes : dans les pays de montagnes, on les raccourcit aussi, pour les tendre horizontalement, comme l'indique l'homme placé en B, qui, après avoir tendu la chaîne, laisse tomber la fiche de la hauteur *b*B, différence de niveau avec le point A. Lorsque les opérations se font en montant, comme l'indique CDEF ; c'est l'homme qui est derrière qui est obligé de lever. Il vaut mieux mesurer en descendant qu'en montant.

Bases. On doit apporter le plus grand soin à la mesure des bases ; la moindre erreur, dans la longueur et dans la direction, influerait sur toutes les opérations suivantes.

N° 327. *Au moyen de la chaîne seulement, lever l'angle que forme la route* ABC. On portera sur un des côtés une longueur quelconque, AB de 24^t, et AC également de 24^t ; on mesurera la distance CB, trouvée de $18^t\ 3^p$. Voilà tout ce qu'il faut pour construire ce triangle sur le papier. Les distances AB et AC peuvent être de longueur différente.

N° 328 et 329. *Rapporter sur le papier les mesures que l'on aura trouvées sur le terrain.* On portera sur une droite quelconque 24^{t} prises, sur l'échelle 228 ; avec la même ouverture de compas on formera, du point *a*, l'arc *bc*; puis, avec une seconde ouverture égale à 18^{t} 3^{r}, prise sur l'échelle, le compas étant en *b*, on coupera l'arc en *c*; la droite qui passera par *ac* donnera l'angle *abc* égal à ABC. On voit que quand on sait lever un angle, on saura lever un triangle. Comme toutes les figures peuvent être réduites en triangles, il suit que l'on peut lever toutes les surfaces quelconques, comme on va le voir par les exemples suivans.

N° 330. *Au moyen de la chaîne seulement lever le plan du rectangle* AEFG. Soit qu'on se serve de la mesure du mètre ou de la toise, il faudra mesurer la diagonale EG et les côtés AE, EG, pour construire le triangle comme on a fait au N° 327. Puis on en fera autant pour construire FG, FE sur la base GE : lorsque la figure du terrain sera mesurée, on la construira sur le papier, comme on a fait au numéro précédent, c'est-à-dire, on construira autant de triangles qu'il en aura été formé sur le terrain.

Construire une semblable figure sans entrer dans l'intérieur, ou, ce qui revient au même, *lever les angles extérieurement.* On placera deux jalons, l'un B, dans la direction de AG, et l'autre C, dans la direction AE. On mesurera l'un des trois triangles ABC ou CA*d*, BAD ; et avec la connaissance des trois côtés de l'un des triangles, on construira l'angle EAC, auquel on peut donner les longueurs nécessaires pour former le rectangle.

Il est facile de construire un des triangles à l'angle F, pour avoir extérieurement le contour de la figure. Cette opération s'applique à toutes les figures. Exemples :

N° 331. *Lever le plan d'un cercle intérieurement.* On déterminera trois points FGH ; on mesurera les trois côtés du triangle, pour les construire sur le papier. Lorsque le triangle sera déterminé, on cherchera le centre du cercle, comme au N° 62 (*voy.* aussi la figure 505).

Lever le plan d'un cercle extérieurement. On prendra un point quelconque, A ; de ce point on formera l'angle BAD, tangent à la tour ou au cercle ; on formera un troisième alignement *db*, également tangent à la courbe, puis on mesurera les distances A*dt*,A*b*T, plus *d*E ou E*b*. On voit, qu'avec ces côtés, on peut construire le cercle, puisqu'on a les points TE*t*.

La forme intérieure de la tour n'étant pas apparente, il faut l'assujettir, orienter le plan de la tour, ou l'assujettir à d'autres données. Il faut, par un des points donnés, tels que A, faire passer une droite par l'ouverture H, et, sur le prolongement de AH, construire le triangle HFG.

Lever le plan du cercle, du bassin ou de la tour, lorsque le diamètre est d'une grande dimension, ou que la figure n'est pas un cercle régulier. On lèvera cette figure, en formant avec des jalons un polygone, tel que B*b*, BC, CD, etc., dont les alignemens sont tangens à la courbe. On mesurera les angles pour les construire, et l'on prendra les distances de l'angle au point de contact de la droite, tels que BT, *b*E, D*t*, etc. Avec la position de tous ces points, on construira la courbe, soit qu'elle soit un cercle, ou composée de cercles.

Si la figure était composée de lignes droites et de courbes, on ferait servir les côtés de la figure pour les côtés du polygone à former.

N° 332. *Lever avec précision le plan détaillé de maisons et jardins.* On commencera par faire le tour extérieur, s'il est possible ; on prolongera les côtés pour examiner les angles rentrans ou saillans, puis on prendra connaissance des distributions intérieures. (On ne parle présentement que du plan du rez-de-chaussée.) Lorsqu'on est bien pénétré des masses, on en fait un brouillon sur lequel on figure tous les détails (il arrive souvent de dessiner quelques détails minutieux sur des feuilles isolées, vu la grande quantité de cotes qu'on est obligé d'y ajouter).

Le croquis ou brouillon étant fait, on mesurera les principales parties. Par exemple, pour lever l'angle ABE, on prolongera AB en D, et l'on prendra la distance DE que l'on écrira ; les longueurs EB et BA, puis AC et la diagonale BC : on aura égard aux épaisseurs de murs que l'on prendra séparément ; en continuant, on aura tous les détails. Quoique l'on prenne partiellement les détails, tels que les trumeaux, les portes et fenêtres de la façade, il ne faut pas négliger la longueur totale, car les cotes partielles ne suffisent pas pour rapporter un plan.

Dans l'intérieur des appartemens, on mesurera les côtés et les angles, ainsi que la largeur des portes et des trumeaux. Une des pièces fait voir une partie des cotes, et le vestibule F et la chambre G indiquent leur place N° 13. Tous ces détails terminés, on en fera autant pour avoir le plan du premier étage, ou le plan des caves, s'il est besoin. On observe que les plans, soit supérieurs ou inférieurs, sont les mêmes pour ce qui est des masses, il n'y a que de légères distributions à mesurer.

Rapporter sur le papier, au moyen des cotes que l'on aura relevées sur le terrain. Au moyen de cotes, on construira les grandes masses comme on les a levées ; puis on ajoutera les épaisseurs des murs ; viendront ensuite les détails. Le tout doit être dessiné au crayon avant d'être passé à l'encre. (*Voy.* la 17e Leçon.)

N° 333. *Avec la chaîne seulement, lever le plan de deux terrains irréguliers et contigus.* On mènera une base telle que AB ; on marquera le point D, rencontre de la base ; on mesurera le triangle DCB, CDA, avec la distance AF ; on aura toutes les cotes nécessaires : on prolongera EF en G ; on aura le triangle BDG, que l'on mesurera pour avoir l'autre portion de terrain ; on prendra un point quelconque H ; on mesurera les deux triangles formés par ce point. En prenant les distances ED, HI, on aura mesuré tout ce qui est nécessaire pour construire et rapporter la figure.

N° 334. *Des levés à l'équerre et à la chaîne. De l'équerre refendue* (N° 298). On disposera l'équerre de manière que son centre réponde bien à plomb au point C, pris à volonté sur la base AD ; on dirigera très-exactement un des diamètres sur des jalons plantés à l'extrémité de AD. L'instrument étant dans cette situation, on regardera par les pinules de l'autre diamètre, et l'on fera placer un jalon en E et en F : il est clair que si l'instrument est bien fait, on aura la ligne EF perpendiculaire à AD.

On mesurera les bases AC et CD, les perpendiculaires CE, CF, les distances de 4ᵐ en E*e*, celle de 9ᵐ en D*d*, et de 16ᵐ en F*f*. On aura tout ce qu'il faut pour construire la portion du terrain compris entre AEDF.

On transportera l'équerre en B, pris à volonté sur la base AD; on la dirigera de nouveau sur les jalons AD, ensuite on placera un jalon en H, perpendiculaire aux deux premiers. On mesurera les distances à droite et à gauche de HD, ainsi que tous les autres côtés compris entre BAHF. On aura tout ce qu'il faut pour construire la figure.

Il arrive souvent que l'on ne forme pas de base, qu'on pose l'équerre sur un des côtés de la figure, et qu'ensuite on renvoie les rayons perpendiculaires à ce même côté.

De l'équerre à réflexion. Cette équerre offre beaucoup d'avantages pour mesurer la superficie des terrains : elle donne la base et la hauteur de la perpendiculaire. Par les opérations faites sur le terrain, on réduit de suite la figure en triangle ou en quadrilatère.

N° 335. *Au moyen de l'équerre à réflexion* (N° 299), *lever le polygone* ABCEF. Soit faite la base AE, à l'extrémité de laquelle sont placés deux jalons : on marchera, l'équerre à la main, suivant la direction AE; on s'arrêtera lorsqu'on verra le point B en contact avec le point E; on mesurera ADB, et avec ces deux côtés on pourra construire le triangle ; on marchera de D en E, jusqu'à ce que le point C vienne se confondre avec le point E ; on s'arrêtera pour mesurer DG et GC, et on aura le parallélogramme rectangle BCHD, et le triangle EGC en prenant la distance GE.

En continuant au point H, on aura le triangle AEF, dont la hauteur de la perpendiculaire est FH et la base AE. On voit que pour calculer cette figure, on a relevé toutes les cotes nécessaires, et qu'il n'est même pas besoin de construire la figure pour avoir la longueur du bas et la hauteur des perpendiculaires ; ce qui est d'un avantage immense dans la pratique.

N° 336. *Lever avec l'équerre à réflexion plusieurs terrains irréguliers.* On se formera une base quelconque, telle que AB ; on marchera, l'équerre à la main, de A en B, jusqu'à ce que le point G vienne se réfléchir en *g*, où l'on voit le jalon placé en B. On mesurera A*g* et *g*G ; on poursuivra sa marche jusqu'à ce que l'on aperçoive F en *f*, puis on mesurera *gf* et *f*F ; on continuera ainsi pour prendre tous les points jusqu'à B, comme l'indiquent les cotes marquées sur le plan.

Le terrain étant irrégulier en BCHA, on le lèvera par des abscisses et des ordonnées ; en les éloignant ou les rapprochant suivant le besoin. On peut même former de nouvelles bases, telles que AC, sur lesquelles on élèvera de nouvelles perpendiculaires, telles que H*h*.

Les opérations se faisant si promptement, il ne faut pas craindre d'élever des perpendiculaires, ou de mener des parallèles : car tout se réduit à ces deux opérations.

N° 337. *Au moyen de l'équerre à réflexion, lever le plan d'une rue où il y a beaucoup de sinuosités.* La direction AB étant donnée, on marchera sur cette ligne, l'équerre à la main, et l'œil à l'ouverture *o* (figure 300) ; et à chaque fois que l'on apercevra des angles, soit à droite, soit à gauche, on fera tomber un à plomb sur la base, de manière qu'on aura toutes les sinuosités, en mesurant les abscisses et les ordonnées dont on a besoin.

Lorsqu'on arrivera à un carrefour, on prolongera les axes des rues, tels que DC, C*d*, qui viennent se rencontrer en C. On peut prolonger les côtés parallèles, tels que EF en *f*, sur l'axe AC, de manière à avoir le triangle *f*GF ; ou, ce qui vaut mieux, le triangle *f*BE, puisqu'il est plus grand. On aura, par ce moyen, l'angle que forme l'axe de la rue C*d* avec l'axe de la rue AB : il en sera de même des autres.

C'est ainsi qu'on lèvera les plans au moyen de l'équerre, de la chaîne ou du mètre. Je ne m'étendrai pas davantage sur ce détail très-monotone à décrire et à lire : je me contenterai d'y suppléer par des lignes ponctuées, qui indiqueront les opérations à faire, et qu'il faut mesurer avec beaucoup d'exactitude pour pouvoir les établir sur le papier.

Leçon neuvième.

LEVÉS A LA PLANCHETTE.

Usage de la planchette. (Pour sa description, *voy.* les N° 309 à 315.) Cet instrument est d'un usage facile et commode pour les levés de détails; parce que le plan qu'on lève se trouve construit par les opérations mêmes qu'on fait sur le terrain.

Il convient de placer la planchette sur un point d'où l'on puisse découvrir une grande quantité de terrain. Pour bien opérer avec la planchette, il faut remplir plusieurs conditions :

N° 338. *Première station.* 1° La planchette doit être horizontale : on la place au moyen d'un niveau à bulle d'air (N° 303) (1). 2° Le point de station E, donné sur la planchette, doit être

(1) Avec un peu d'habitude et un œil exercé, on juge de l'horizontalité de la planchette; on peut encore faire tomber légèrement, sur le milieu de la planchette, une petite bille qui indiquera son horizontalité, si elle y reste en repos.

9me Leçon. Levés à la planchette.

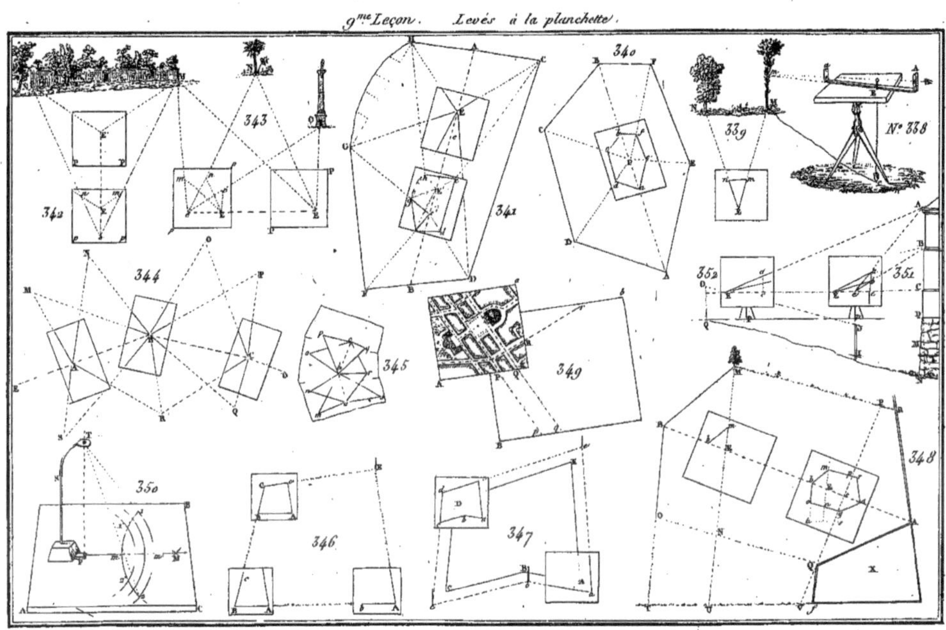

dans la même verticale que le point correspondant du terrain. On l'obtient au moyen du fil à plomb E*e*. 3° Son pied doit être bien fixé, pour que la planchette, soit maintenue horizontale et bien orientée, et que le parallélisme des lignes tracées sur la planchette suive exactement les lignes du terrain.

Soit donnée sur le terrain la direction *e*M. La planchette étant posée, le point E correspondant parfaitement avec le point *e*, tracer ou rayonner cette ligne sur la planchette. On placera l'alidade en contact avec le point E; on fera passer le rayon visuel par les pinules A*a*, et on aura le rayon E*m*, que l'on tracera sur la planchette, au moyen d'un crayon fin. On aura la trace *e*M, par le rayon E *m*; les lignes M*e*, E *m* étant dans le même plan vertical.

N° 339. *Au moyen de la planchette et de l'alidade, lever l'angle donné sur le terrain* NEM. Du point E, donné pour point de station, on placera la planchette comme on vient de le dire ci-dessus. On placera l'aiguille en E, et on y fera toucher l'alidade, la dirigeant vers N, puis de E en M; on tracera ensuite avec un crayon les deux rayons, qui donneront l'angle *n* E *m*, égal à NEM.

Si l'on mesure les côtés EN, EM, et qu'au moyen d'une échelle, on proportionne les côtés E*n*, E*m*, on aura le triangle E*nm*, égal au triangle ENM. On aura de plus mesuré le côté NM, sans l'avoir parcouru.

On voit clairement que l'angle que l'on a tracé sur la planchette est absolument semblable à celui tracé sur le terrain. Donc chacun de ces angles doit mesurer celui qui lui correspond sur le terrain. Il en sera de même pour toutes les autres opérations.

Un angle étant proposé sur la planchette, on le tracera en alignant l'alidade sur les lignes données, et en faisant placer des jalons dans le prolongement de ces lignes.

N° 340. *Au moyen d'une seule station, lever le plan du polygone* ABC, etc. On placera la planchette à peu près au milieu de la figure en P, par exemple : comme on sait qu'en faisant tourner l'alidade, on aura toutes les directions voulues, on mesurera les rayons PA, PD, etc.; et, au moyen d'une échelle, on proportionnera les rayons P *a*, P *d*, P *c*, etc., en réunissant par des droites les points *ad*, *dc*, *cb*, etc., et on aura le polygone demandé.

Si le plan était donné sur la planchette, et qu'il fallût le rapporter sur le terrain, on coterait tous les rayons P *a*, P *d* etc., et on ferait les rayons PA, PD de même longueur, en se servant d'une chaîne, d'une toise ou d'un mètre.

N° 341. *Au moyen de deux stations, lever le plan d'un terrain sans en parcourir le tour, et en ne mesurant qu'une seule base ou distance.* Soit donnée la base EE' : on placera la planchette en E et on fera comme à la figure précédente. Lorsque tous les rayons seront tracés, ou déterminés sur la planchette au moyen de l'échelle, on marquera sur la planchette la distance E *e* égale à celle EE' mesurée sur le terrain. On aura soin de diriger un rayon sur la direction EE' donnée sur le terrain : puis on portera la planchette au point E', en observant de mettre un jalon en place de la planchette mise en E, puis on dirigera la même base tracée sur la planchette, vers le jalon qui a remplacé la planchette en E, de manière que la base tracée sur la planchette soit dans le même alignement que EE'.

Cette opération faite, on fera tourner l'alidade autour de l'aiguille placée en *e'*, pour prendre les directions, *e'* D, *e'* F, *e'* G, etc.; tous ces rayons détermineront par leurs intersections *a*, *d*, *c*, *b*, etc., la position des angles et des côtés du terrain donné.

On voit par ce procédé que l'on peut lever une suite de points inaccessibles.

Comme on ne peut se dispenser de parcourir le contour du terrain, puisqu'il faut s'assurer que tous les côtés sont en ligne droite (car s'ils ne l'étaient pas comme le côté GH, il faudrait les mesurer comme au N° 201), alors il vaut mieux prendre le N° 340 ou 348.

Cette opération, de faire couper deux lignes pour avoir un point, a le désavantage de cribler le papier de lignes, qui défigurent le contour du plan, et empêchent de bien figurer les détails. L'opération ne dispense pas d'aller à tous les angles, pour obtenir le figuré des parties adjacentes, c'est pourquoi on recommande de voir le N° 348.

N° 342. *Mesurer une largeur inaccessible* NM. D'un point quelconque, E, on placera la planchette PP de manière à voir les deux points NM; puis on prendra les deux rayons EN, EM; on dirigera un troisième rayon sur un jalon que l'on placera à volonté en *e;* on mesurera cette distance E*e;* on prendra sur l'échelle autant de mesures qu'on en a trouvées sur le terrain, ce qui déterminera E'*e*. On portera la planchette PP en *pp*, de manière que le point *e*, marqué sur la planchette, corresponde parfaitement au point *e*, qu'occupe le jalon sur le terrain; on dirigera *e*E sur le jalon placé en E, et l'on prendra les directions *e*N, *e*M; on aura aux intersections *nm*, la largeur NM, que l'on mesurera avec la même échelle qui aura servi à proportionner E*e*.

Savoir la longueur de la base la plus avan-

tageuse à donner aux stations, et quel est l'éloignement le plus convenable. C'est le cas où les lignes se coupent à l'angle de 30° et au-dessus ; on choisira autant que possible la base horizontale et libre.

N° 343. *Mesurer trois points inaccessibles, mais visibles de deux points, tels que* E*e*, *pris à volonté sur le terrain.* On choisira deux points pour former la base des deux stations, d'où l'on puisse apercevoir les trois objets, et plus, s'ils étaient donnés. Cette base doit être d'autant plus grande, que les objets à mesurer se trouveront plus éloignés les uns des autres. La planchette PP formera la première station au point E : de ce point, on tracera les rayons EO, EM, EN, E*e*. Ce dernier doit être mesuré, puisqu'il forme la longueur de la base que l'on doit construire sur la planchette, au moyen de l'échelle, de E en *e*. On formera la seconde station en transportant la planchette à l'extrémité de la base ; on la placera comme on l'a fait aux figures précédentes ; on fera couper les premiers rayons par ceux tirés par le point *e* de la seconde station, et on aura les points *n m o* qui représenteront la situation des objets MNO, plus E*e* : car les points E*e* peuvent être donnés ; alors on aura la situation des cinq points *e*MNOE.

N° 344. *Lever le plan d'un pays au moyen*

de deux planchettes. Soient prises pour base les directions EMSR, etc., qui représentent autant de villages donnés; on placera la première planchette en A; on prendra tous les rayons visibles de ce point, tels que ESRBNM; on mesurera la base AB, dont on tiendra note; on formera la seconde station, en portant une nouvelle planchette en B, pour prendre de nouveau les rayons BA, BR, BP, BC, etc.; on mesurera la base BC, dont on tiendra note. Cette opération terminée, on portera une nouvelle planchette en C, pour opérer la troisième station, supposée nécessaire pour obtenir tous les points visibles.

Du point C, on tracera les rayons CB, CR, et tous ceux qui pourront être aperçus du point C, à l'effet de les faire couper avec les rayons obtenus, du point B ou du point A. Cela fait, on aura la triangulation du terrain sur trois feuilles de papier qu'il faudra réunir.

N° 345. *Raccorder plusieurs planchettes entre elles*. Les opérations faites comme on vient de le dire ci-dessus, on collera les feuilles, en observant de mettre dans la même direction les mêmes lignes *ab*, *bc*, à des distances égales à celle mesurée sur le terrain ABC (N° 344); l'échelle qui proportionnera les côtés de l'angle *abc* des planchettes, déterminera la distance entre les points *mnopq*, etc.

Cette triangulation arrêtée, on pourra former le cadre et diviser les feuilles. Pour en former le détail, on divise ces feuilles par des carreaux qui ont pour direction les quatre points cardinaux. On a sur chaque feuille la situation des points auxquels les détails doivent se rattacher.

On rapporte à l'échelle tous les points de détails, le plus exactement possible, pour qu'ils puissent se raccorder en rapprochant les côtés communs des deux feuilles voisines; on fait le levé de détails sur plusieurs planchettes, sans faire de grandes triangulations isolées, et les planchettes se réunissent également. Si on a bien soin de faire correspondre les bases, l'un et l'autre de ces moyens sont bons; mais il faut choisir celui qui est le plus applicable aux localités.

Observation. Dans les levés de détails topographiques, tout se réduit à déterminer la position respective d'un nombre suffisant de points, pour former le canevas géométrique d'une carte ou d'un plan, sur lequel on veut détailler le figuré d'un terrain, à l'aide d'une grande triangulation; on sera conduit promptement et très-exactement à la détermination du plus grand nombre de points de détails, que l'on rattache avec célérité, à toute la grande triangulation.

Le polygone formé par la réunion de trois planchettes, peut avoir été levé sur une seule, si l'on s'est servi d'une échelle plus petite, ou que les points NMOPQS, soient plus rapprochés et pris pour les contours d'un mur et d'un chemin, d'un cours d'eau, ou de tout autre objet. Si la position des villages ou de tout autre point, était trop éloignée, on aurait recours aux opérations du graphomètre (N° 363, 366.), ou du cercle repétiteur (N° 319).

Vérification des levés à la planchette. Cette opération consiste à former sur le terrain de grandes lignes jalonnées, que l'on forme également sur le plan, à l'effet de voir si tous les détails du plan, coïncident parfaitement avec les lignes tracées sur le terrain, que l'on mesure soigneusement avec la chaîne. La base sera prise aussi horizontalement que possible, et on aura égard à la manière de mesurer (N° 326).

Il est facile de reconnaître les erreurs d'un plan; mais il n'est pas facile de les corriger; et il est presque impossible de les rectifier. Il est donc important d'apporter tous les soins nécessaires lorsqu'on fait le levé. On évite les erreurs en vérifiant les opérations à chaque fois, soit en mesurant d'une autre manière, soit en s'assurant de la position de chaque point que l'on vérifie par une autre opération.

N° 346. *Lever le plan du terrain* ABCE ; *on suppose qu'il est possible de marcher sur la limite du rectangle, que deux des côtés sont mesurables, et qu'on peut stationner à trois des angles.*

On commencera par placer la planchette au point A, on prendra l'angle EAB, et le nombre de toises ou de mètres contenus dans la distance AB. On portera sur la planchette autant de parties de l'échelle qu'on en a trouvées sur le terrain. On reportera la planchette au point B, de manière que *b* corresponde à B, en ayant soin de diriger la droite BA sur le jalon qui aura été mis en place de la planchette.

Du point B on prendra l'angle ABC, et l'on continuera à mesurer la distance BC, pour la construire au moyen de l'échelle sur la planchette, et pour prendre du point C l'angle BCE ; on aura la longueur des droites AE, CE et l'angle E, que l'on n'aura pas mesuré.

N° 347. *Au moyen de la planchette, lever le plan d'un terrain dans lequel on ne peut entrer.* La situation ou le point de départ le plus avantageux doit être déterminé par les localités. On posera des jalons parallèles à tous les côtés, moins un ; on parcourra le périmètre formé par les jalons ; on lèvera les angles et on mesurera les côtés, comme au N° 346 ; puis on mesurera l'emprunt fait autour du terrain ; ensuite on retranchera du polygone tracé sur la planchette, la même mesure que celle que l'on aura trouvée sur les localités.

N° 348. *Au moyen de la planchette, mesurer les détails d'un terrain ou de plusieurs polygones contigus.* Le meilleur moyen et le plus simple pour fixer les points et la position des détails, est celui qui rapporte toutes les lignes par des mesures prises par abscisses et ordonnées, ce qui donne la position des droites qui forment le contour du polygone. Chaque position de droite est fixée sur la planchette par deux points; on construit toutes les longueurs au moyen de l'échelle et du compas.

Après avoir déterminé sur le terrain la base AB, on placera à volonté la planchette en E; sur cette base on tracera le rayon BEA, et l'on mesurera sur le terrain la distance BE, et au moyen de l'échelle on fera *b*E égal à BE. Du point E, on mènera un rayon quelconque; seulement il est plus avantageux de le déterminer sur un objet donné, et dont on a besoin d'avoir la situation, tel que l'arbre placé en M; on mesurera EM, puis on marquera cette dimension sur la planchette; on tracera la droite *bm*, et on aura le triangle *b*E*m* égal à BEM.

On fera la seconde station, en portant une dimension quelconque E*e*; on la construira sur la planchette, puis on portera la planchette de

E en *e*, puis on dirigera le rayon tracé sur la planchette, et qui sert de base de A en B. On continuera comme on a fait au point E, on dirigera un rayon sur R ou sur Q ; puis on mesurera *e* Q, *e*P, les distances PR et *e*A que l'on construira sur la planchette, et on aura les points *e*, *r*, *p*, *m*, *b*, *o*, *n*, *q*, qui détermineront très-exactement le polygone ARMBOQ.

Si l'on mesure le prolongement QV, NO, et les distances UT, V*f*, on aura très-promptement et très-exactement le rectangle QOT*f*; il en sera de même du rectangle X. On prolongera T*f*,AR, suffisans pour avoir la position et la construction de la figure.

Il suit de là que, si l'on prolonge AB, MN, PQ, etc., on levera et on aura tout orientées les différentes figures qui peuvent se présenter.

Observations. La planchette offre de grands avantages, parce qu'elle dispense de faire un brouillon, ou minuté, ou coté, pour le rapporter ensuite : on trace directement sur le terrain, et on obvie aux erreurs qui pourraient se glisser au cabinet. On aura donc l'avantage d'avoir une minute exacte. On levera facilement le cours d'une rivière et le parcellaire du terrain, en faisant des stations aux points les plus remarquables, pour en prendre la figure avec soin, etc. On peut supposer (N° 344) que les points E, M, N, O, P, D appartiennent au contour d'une rivière, et que l'on a choisi les points ABC pour station ; on opérera sur chaque pour avoir les détails que l'on pourra réunir au besoin.

N° 349. *Levée des plans de villes.* On peut d'abord lever le périmètre extérieur ; pour l'intérieur, on choisit le lieu ou la place la plus avantageuse pour commencer à placer la planchette, de manière que l'on puisse, de ce point, tracer sur le papier des rayons dirigés à chacune des rues qui aboutissent à cette place : on donne à ces rayons la longueur géométrique correspondante à leur mesure, prise sur le terrain. L'entrée des rues, ainsi fixée, fournira autant de points propres à vérifier les opérations, lorsqu'on reviendra à ces points ; on cheminera toutes les rues, comme l'indique la ligne ponctuée, en prenant les angles et mesurant l'intervalle de chaque station. On aura le contour des rues, le détail des alignemens des maisons et autres sinuosités qui s'offrent fréquemment.

Les rues et portions circulaires seront levées en formant une suite de stations en forme de polygone, de manière à former la courbe avec les points que l'on aura levés. On marquera les édifices et objets remarquables, suivant le N° 568.

Lorsque le plan est levé à une grande échelle, on fait plusieurs planchettes que l'on réunit. Supposons que le levé de la première planchette A*a* soit terminé, et que l'on veuille terminer le levé sur la planchette B*b*, on rapprochera le dessin de la planchette déjà faite sur la feuille de papier blanc; puis on prolongera toutes les rues dont il sera possible d'avoir la direction, telles que P*p*, Q*q*, R*r*, et, au moyen de ces directions que l'on fera correspondre avec l'axe des rues, on continuera de lever la suite de la ville ou des détails du plan. Au moyen des repaires déterminés par les rues, on peut ajouter autant de planchettes qu'on voudra. (*Voyez*, pour les détails des rues, le N° 337.)

N° 350. *Orienter une planchette*. On fait cette opération au moyen de l'aiguille aimantée de la boussole, que l'on pose sur la planchette lorsqu'elle est bien orientée; c'est-à-dire, que l'on fait passer des droites qui doivent correspondre parfaitement avec les lignes tracées sur la planchette, et les objets correspondans sur le terrain. Ordinairement le côté latéral des cadres des feuilles, qui composent le levé, est dans la direction de la méridienne.

Dans le cas où l'on ne pourrait pas orienter la planchette avec l'aiguille aimantée, on déterminera la direction de la méridienne, au moyen du soleil ou des étoiles. Lorsqu'on emploie le soleil, on se sert d'un style PST, portant à son sommet T une petite plaque percée d'un petit trou ; cette plaque est portée par un support S, fixé dans un pied qui porte une autre petite plaque P, refendue d'un cran aigu, pour reposer la pointe du compas lorsque l'instrument est placé horizontalement. Le trou T et l'angle placé au milieu de P, doivent se trouver dans la même verticale.

Supposons la planchette ABC fixée et orientée sur le terrain, avec les objets dessinés dessus, le style étant fixé aussi sur la planchette ; on observera, quelques heures avant midi, la marche du rayon solaire qui passera par la plaque P, et on la marquera en 1.

On répétera l'opération quelque temps après, et l'on marquera le point 1′ ; puis, du centre P, on tracera avec un compas deux arcs, dont les rayons sont P1, P1′. Cela fait, on observera quelque temps après midi, comme on l'a fait auparavant ; et lorsque la lumière passera juste sur les circonférences tracées du point P, on marquera ce passage par les points 2′ et 2. De ces points 1 2, 1′ 2′, il est très-facile de conduire la méridienne sur la planchette, de cette manière :

Des points 1, 2 on élèvera une perpendiculaire M*m*, qui sera la méridienne ; elle passera par le pied de la verticale PT. Les points 1 2 seront des moyens de vérification.

N° 351 et 352. *Avec la planchette, mesurer une hauteur verticale sur un terrain horizontal.* On placera la planchette verticalement, telle qu'en P (N° 352); on tracera la ligne horizontale EC, et les rayons EA, EB, puis on mesurera EC. On proportionnera, sur la planchette, la mesure trouvée sur le terrain; on élèvera la perpendiculaire *ca*, et on aura *cba* égal à CA.

Mesurer la hauteur CA, *dont on ne peut approcher.* On fera une première station en P, et l'on formera les rayons E*c*, E*a*; on mesurera une distance quelconque P*p*; on la marquera sur la base de la planchette de E*e*. On portera la planchette de P en *p*, et du point *e* on prendra les rayons EC, EB, EA, qui couperont les premiers en *cb a*. L'échelle qui aura proportionné E*e*, déterminera les dimensions comprises entre *ac*.

Le terrain étant en pente, mesurer la hauteur AN. On placera deux jalons de même hauteur, de manière à former une ligne droite telle que OJM; on placera la planchette en Q; on dirigera du point O la base OM, et tous les rayons ON, OD, OC, OB et OA; on mesurera la base que l'on proportionnera sur la planchette, et on la transportera près du jalon IJ, à la distance où l'on aura mesuré la base; on dirigera la base tracée sur la planchette, suivant les hauteurs OJM, et l'on prendra de nouveau les rayons comme on l'a fait à la première station.

Les rayons se couperont en des points qui détermineront ceux compris entre NA.

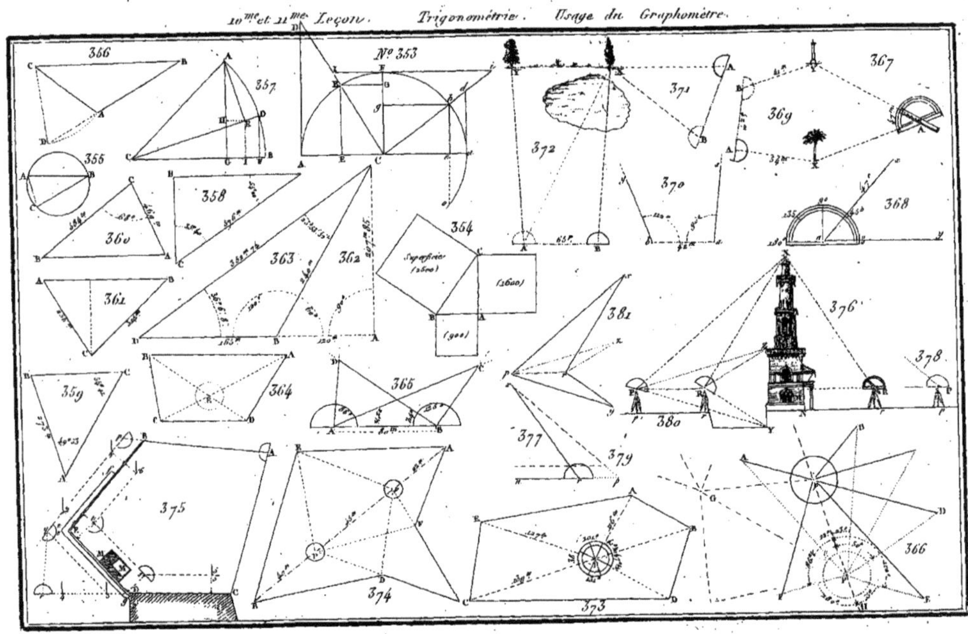

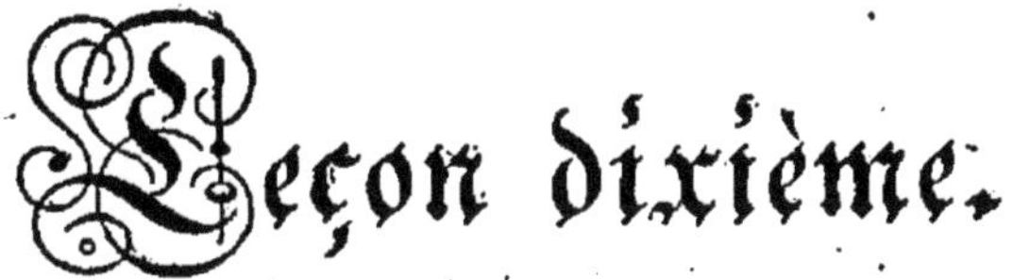

TRIGONOMÉTRIE RECTILIGNE.

Cette branche de la géométrie considère les triangles, par rapport aux côtés et aux angles, sans avoir égard à l'espace qu'ils contiennent.

Tout triangle est composé de trois côtés et de trois angles; ce qui fait six parties, trois desquelles étant connues, la trigonométrie enseigne à connaître les trois autres, pourvu que les trois parties connues ne soient pas les trois angles; car il est évident qu'il peut y avoir une infinité de triangles équilatéraux, dont les côtés homologues seront de longueur inégale. Il n'est donc pas possible de déterminer la longueur absolue des côtés, par la connaissance des trois angles d'un triangle; mais on connaîtra du moins l'espace de ce triangle, ou les rapports que les trois côtés ont entre eux.

La trigonométrie emploie, pour la résolution des triangles, différentes lignes qu'il est indispensable de faire connaître, ainsi que l'usage des sinus, tangente, cotangente et cosécante; les tables logarithmes étant indispensables pour toutes ces opérations, et ne pouvant être expliquées ici, on y renvoie le lecteur.

N° 353. *Du sinus.* On appelle *sinus* droit d'un arc ou d'un angle, une perpendiculaire abaissée de l'une des extrémités de l'arc sur le rayon qui passe par l'autre extrémité du même arc. Ainsi la ligne BE, est le sinus droit de l'arc AB ou de l'angle ACB, mesuré par cet arc. De même la ligne BG, est le sinus droit de l'arc BF, ou de l'angle BCF, mesuré par cet arc.

La partie du rayon comprise entre le sinus droit de l'arc, se nomme *sinus verse*; AE est le sinus verse de l'arc AB, ou de l'angle ABC; FG est le sinus verse de l'arc BF, ou de l'angle BCF.

La tangente d'un arc ou d'un angle est une ligne droite perpendiculaire à l'extrémité du rayon qui passe par une des extrémités de l'arc, et se termine à la rencontre du rayon prolongé qui passe par l'autre extrémité du même arc. La ligne AD est la tangente de l'arc AB ou de l'angle ACB; la ligne FI est la tangente de l'arc BF, ou de l'angle BCF.

La sécante d'un arc ou d'un angle est le rayon prolongé jusqu'à la rencontre de la tangente. La ligne CD est la sécante de l'arc AB ou de l'angle CAD; la ligne CI est la sécante de l'arc BF ou de l'angle CIF.

Si l'angle ACF est droit, l'angle BCF est le complément de l'angle ACB; alors

BG est le sinus droit de complément, ou le co-sinus FG est le sinus verse de complément, ou le co-sinus verse FL est la tangente de complément, ou la co-tangente CI est la sécante de complément, ou co-sécante	de l'arc AB, ou de l'angle ACB.

Plus l'arc AB approchera de 90° ou davantage, plus le point B sera près du point F, et plus le sinus BE deviendra grand; en sorte que le sinus BE, devient égal au rayon FC, et se confond avec lui, lorsque le point B tombe sur le point F; ainsi le rayon est le sinus de l'angle droit. On nomme quelquefois le rayon *sinus total.*

Si l'on prolonge *be* jusqu'en *o*, ce rayon *ca* perpendiculaire à la corde *bo* coupera cette corde, et l'arc *bao* en deux parties égales; *be*, sinus de l'arc *ab*, est la moitié de la corde de l'arc *bao*, double de l'arc *ab*.

Le sinus de 30° est la moitié du rayon et de la corde de l'arc double, c'est-à-dire de 60°, du côté de l'exagone inscrit, qui est égal à la moitié du rayon.

Le sinus d'un angle obtus BC*a* est le même que le sinus BE de son supplément BCA.

Le co-sinus d'un arc AB, est égal à la racine de la différence du carré du rayon et du carré du sinus BE de cet arc.

La tangente de 45° est égale au rayon; car

si dans le triangle-rectangle DAC, l'angle DCA égale 45°, l'angle D aura aussi 45°, et le côté AD, opposé à l'angle DCA, égalera le côté CA opposé à l'angle D.

Lorsque l'angle DCA devient plus grand que 45°, la tangente est plus grande que le rayon ; et lorsque l'angle devient droit, la tangente devient parallèle à la sécante CD, et ne peut jamais être rencontrée par cette dernière ligne.

Remarque. Si l'on prend dans un triangle-rectangle un des côtés pour sinus total ou rayon, l'autre côté devient la tangente de l'angle adjacent au premier côté, et l'hypothénuse devient la sécante de ce même angle.

N° 354. *Si l'on prend l'hypothénuse d'un triangle rectangle pour rayon, chacun des deux autres côtés sera le sinus de l'angle qui lui est opposé.* L'hypothénuse BC est le seul sinus total ou le rayon du cercle, CA sera le sinus de l'angle B, et BA sera le sinus de l'angle C.

Si l'on inscrit le triangle ABC dans un cercle, chaque côté sera la corde d'un arc double de celui qui est opposé à ce côté, la moitié de chaque côté sera égale au sinus de l'angle qui lui est opposé.

Dans tout triangle rectangle, le carré de l'hypothénuse est égal au carré des deux autres côtés ensemble ; le carré d'une ligne est un carré dont les quatre côtés sont égaux à cette ligne ; ici, si l'on multiplie 50 par 50 on aura 2500; les carrés construits sur AB de 30 et AC de 40, produiront l'un 900, et l'autre 1600, égal au carré construit sur l'hypothénuse BCB. Dans tout triangle-rectangle le rayon est à l'hypothénuse, comme le sinus d'un des angles aigus est au côté opposé à cet angle.

N° 355. *Dans tout triangle rectiligne* ABC, *les sinus des angles sont proportionnels aux côtés opposés à ces mêmes angles*. Si l'on inscrit le triangle ABC dans un cercle, chaque côté sera la corde d'un arc double de celui qui est la mesure de l'angle opposé à ce côté; et par conséquent la moitié de chaque côté sera égale au sinus de l'angle qui lui est opposé. On aura BC divisé par 2, égale sinus A; AC, divisé par 2, égale sinus B (1).

$$\frac{AB}{2} = \text{sin. C, ou } \frac{BC}{2} : BC :: \frac{AC}{2} : AC :: \frac{AB}{2} : AB;$$

donc sin. A : BC :: sinus B : AC :: sin. C : AB.

N° 356. *Connaissant deux côtés* CA, CB, *et l'angle* B *opposé à* CA *l'un de ces côtés, trouver les autres angles*. On fera cette proportion, CA : CB :: sin. B : sin. A. L'angle A étant connu, on trouvera la valeur de l'angle C, qui est le supplément de la somme des angles B et A.

(1) Les signes algébriques sont expliqués à la Leçon 20.

Bien que le sinus de l'angle A soit le même que celui de son supplément, il faut, pour déterminer l'espèce du triangle, connaître celle de l'angle A. Si cet angle est obtus, il s'agira du triangle BCA, s'il est aigu, il sera du triangle BCD.

Dans le triangle acutangle BCD, les données sont les mêmes que dans le triangle obtusangle BCA ; si du point C pris pour centre, et avec un rayon CA, on décrit un arc qui coupe en D le côté BA prolongé, on voit que le côté BC est le même dans les deux triangles ; que CD, côté du triangle acutangle, est égal à CA, côté du triangle obtusangle, et que l'angle B est le même dans les deux triangles ; donc, il faut savoir si l'angle A est obtus ou aigu pour déterminer s'il s'agit du triangle BCA, ou du triangle BCD.

Connaissant deux côtés CA, CB, *et l'angle* B, *opposé à* CA, *l'un de ces côtés, trouver l'autre côté.* Il faut d'abord déterminer les angles, comme on vient de le dire, puis faire la proportion sin. B : sin. C :: CA : AB.

N° 357. Pour avoir le sinus AG et le co-sinus CG de la somme des arcs AD, DB, on mènera par le point E la ligne EI, EH, la première perpendiculaire et la seconde parallèle au rayon CB ; puis, comparant les triangles semblables AEH, CDF, CEI, on aura CD : CF :: AE : AH, CD : DF :: CE : EI = HG ; d'où l'on tire cette proportion en appelant le rayon $=$R, l'arc AD $= a$ et de plus l'arc DB $= b$, AH $\frac{\sin. a \cos. b}{R}$, HG$=\frac{\sin. b \cos. a}{R}$; CI$=\frac{\cos. a \cos. b}{R}$,

IG $= \frac{\sin. a \cos. b}{R}$.

D'après ce qui vient d'être dit, si l'on suppose le rayon divisé en 10,000,000,000 parties égales, il est évident que le sinus de 30° en contiendra 5,000,000,000, et que les sinus des autres arcs en contiendront plus ou moins, selon qu'ils seront plus grands ou plus petits que 30°.

Pour faciliter l'usage des sinus, co-sinus (tangentes et co-tangentes), on a dressé des tables où les calculs trigonométriques sont tout faits. Pour prendre une idée des tables logarithmes qui déterminent les sinus, tangentes, co-tangentes et co-sinus des arcs compris, voici quelques lignes dont l'application sera faite aux figures suivantes :

N° 358. *Application aux triangles rectangles. Connaissant l'hypothénuse* AC *et les angles d'un triangle rectangle* ACB, *trouver un côté* BC. Pour trouver BC, on fera la proportion R : AC : : sin. A : BC, ou R sin. A : : AC : BC.

Si AC $=$ 576 mètres, et si l'angle A est de 35° 40', on aura 336 mètres pour le côté BC, car,

Le logarithme du sinus de l'angle A. .	=	9,765720
Le logarithme de l'hypothénuse AC. . .	=	2,760422
La somme de ces deux logarithmes. . .	=	12,526140
De laquelle somme, ôtant le logarithme du rayon.		10,000000
Reste le logarithme de BC.		2,526140

qui, dans les tables, répond à 336 ou environ. Il est clair que l'on trouverait l'autre côté AB, par la proportion suivante, R : sin. C : : AC : AB.

Connaissant l'hypothénuse AC, *et un côté* BC, *trouver les angles*. Pour trouver l'Angle A, on fera la proportion AC : BC : : R : sin. A. Lorsque l'on connaîtra l'angle A, il sera facile de trouver l'angle C; car C = 90°—A.

Connaissant les angles et un côté AB, *trouver l'hypothénuse* AC. On trouvera l'hypothénuse en faisant la proportion, sin. C : R : : AB : AC.

Connaissant un côté BC *et les angles, trouver l'autre côté* AB. On le trouvera par la proportion suivante : R : tangente C : : BC : AB.

Étant donnés les deux côtés AB, BC, *trouver les angles* C *et* A. Pour trouver C, on fera cette proportion, BC : AB : : R : tang. C. L'angle C étant connu, on déterminera aisément la valeur de l'angle A, qui est le complément de l'angle C.

Connaissant les deux côtés AB, BC, *trouver l'hypothénuse* AC. Il faut commencer par déterminer l'angle C par la proportion BC : AB :: R : tang. C ; et lorsqu'on connaîtra l'angle C, on trouvera l'hypothénuse AC par la proportion suivante, sin. C : R :: AB : AC.

N° 359. *Application aux triangles obliquangles. Connaissant deux angles* A, C, *et le côté* AB *du triangle* ACB, *trouver les deux autres côtés* AC, BC. Puisque l'on connaît la valeur des deux angles A, C, on connaîtra donc aussi celle de l'angle B, qui est le supplément de la somme des deux autres. Cela posé, pour trouver le côté AC, on fera la proportion suivante : sin. C : AB :: sin. B : AC, ou sin. C : sin. B :: AB : AC.

Si l'angle A est de 49° 53', l'angle C de 54° 41', et le côté AB de 273 toises, le côté AC sera de 323 toises.

		(1)
Car le logarithme du sinus de l'angle B.	=	9,985811
Le logarithme du côté AB.	=	2,436163
La somme de ces deux logarithmes. . .	=	12,421974
Otez de cette somme le logarithme du sinus de l'angle C.		9,911674
Vous aurez pour reste le logarithme. .		2,510300

qui, dans la table, répond à 323 environ.

Pour trouver le côté BC, on fera la proportion sin. C : sin. A :: AB : BC.

---

(1) A + C = 49° 53' + 54° 41' = 104° 24', donc B, qui est le supplément de A + C = 75° 26'. Le logarithme 9,985811 est celui de 75° 26'.

N° 360. *Connaissant dans un triangle* ACB *deux côtés* BC, AC, *et l'angle* C *compris entre ces côtés, trouver les deux autres angles* A *et* B. On voit qu'il faut faire la proportion, BC+AC : AC—AC : : tang. $\frac{A+B}{2}$: tang. $\frac{A-B}{2}$. Supposons que BC soit de 584 toises, AC de 469 toises, et l'angle C de 68°, alors BC + AC = 1053, BC — AC = 115, $\frac{A+B}{2}$ = 56° (1).

Or le logarithme de 115.	=	2,060698
Le logarithme de la tangente, de 66°. .	=	10,171013
La somme de ces deux logarithmes. . .	=	12,231711
Si l'on retranche de cette somme le logarithme de 1053, qui est.		3,022428
Le reste.		9,209283

sera le logarithme de la tangente de $\frac{A-B}{2}$. Ce logarithme, cherché dans les tables, répond à la tangente de 9° 12'.

Cela posé, l'angle A, qui est le plus grand = 56° + 9° 12' = 65° 12', et l'angle B qui est le plus petit = 56° — 9° 12' = 46° 48'.

N° 361. *Connaissant deux côtés* BC, AC, *et*

(1) Si de 180°, on ôte 68°, valeur de l'angle C, il restera 112° pour la somme des deux angles A et B; ainsi $\frac{A+B}{2}$ = 56°.

l'angle C *compris entre ces côtés, trouver l'autre côté* AB. Après avoir déterminé les angles A et B, suivant ce qui vient d'être dit, on déterminera la valeur de AB par la proportion suivante : sin. A : sin. C : : BC : AB.

Connaissant les trois côtés AB, AC, BC *d'un triangle* ACB, *trouver les angles*. Du sommet de l'angle C, j'abaisse une perpendiculaire CD sur le côté opposé AB, et je fais cette proportion : A : BC + AC : : BC — AC : BD — AD. Supposons que le côté AB = 348 mètres, que le côté BC = 314 mètres, et que le côté AC = 236 mètres, on trouvera que BD — AD, c'est-à-dire, la différence des segmens BD, AD, formés par la perpendiculaire, égale à peu près 123 mètres. Donc, le grand segment BD = $\frac{348+123}{2} = 235\frac{1}{2}$, et le petit segment AD = $\frac{348-123}{2} = 112\frac{1}{2}$.

Cela posé dans chacun des triangles rectangles CAD, CBD, on connaît l'hypothénuse et un côté; on trouvera aisément les angles ACD, BCD et leur complément respectif A, B. On aura donc tout de suite la valeur de l'angle ACB, qui est le supplément de la somme des deux angles A et B.

N° 362 et 363. *Application de la trigonométrie des points* AB. *Mesurer un objet placé en* C *et inaccessible.* On choisira deux points AB pour base de la station ; on mesurera cette base AB trouvée de 120^{m}, et les angles BAC de 90°, ABC de 60°. On fera les opérations suivantes, et l'on aura pour résultat en mètres :

AC = 207^{m}85
BC = 240
CD = 352 74
L'angle BDC = 36° 6′ 8″
L'angle DCB = 23° 53′ 52″
L'angle DBC = 120° » »

Même figure. Deux côtés d'un triangle rectiligne étant donnés, et l'angle compris, trouver son aire. Multipliez un des côtés par la moitié de l'autre, et le produit par le sinus de l'angle compris ; ce nouveau produit sera l'aire.

Autre exemple sans figure.

L'aire de tout triangle rectiligne est égale à la moitié du rectangle de deux de ses côtés quelconques, multipliée par le sinus de l'angle compris. Cette propriété évite un circuit qu'on est obligé de prendre pour trouver d'abord la grandeur de la perpendiculaire abaissée de l'extrémité d'un des côtés connus sur l'autre, afin de multiplier ensuite ce dernier côté par cette perpendiculaire : soit, par exemple, un triangle quelconque, dont les deux côtés AB, AC, sont respectivement de 24 et 63 toises et l'angle compris de 45°; le produit de 63 par 12 est de 756; le sinus de 45° est 0, 70710; si l'on multiplie 756 par 0, 70, 710, suivant la méthode des fractions décimales, le produit sera 534 toises $\frac{50}{100}$.

N° 364. *Mesurer la surface d'un quadrilatère ou d'un trapèze quelconque, sans la connaissance des angles.* La solution de ce problème est une suite du précédent. Le trapèze ABCD étant donné, on mesurera les diagonales AC et BD, ainsi que les angles formés par leur intersection en E : multipliez-les ensemble, et la moitié du produit sera l'aire; ce qui est plus court que de les réduire en triangles pour mesurer chacun d'eux.

N° 365. *Des points* AB *déterminer la distance inaccessible* DC *et les côtés* AD *et* BC. On mesurera les angles DAB, ABC et ABD; on calculera les angles comme aux numéro précédens, et l'on aura les résultats suivans :

BC = 56^{m} 98
AC = 121^{m} 97
BD = 92^{m} 15
AD = 51^{m} 66
DC = 109^{m} 19

N° 366. *Observations nécessaires pour dresser le canevas de la carte d'un pays, et pour rap-*

porter sur le papier la position des lieux tels que ABCD, *etc.*, *qui représentent autant de villages ou de points remarquables.* On commence par choisir le point le plus élevé, d'où l'on puisse découvrir le plus de pays, pour voir le plus d'objets que l'on veut observer, par exemple : en P, sommet d'une tour d'où l'on peut observer les points PAB, DEF et G, on figurera sur le papier ou croquis la position de chaque endroit. En écrivant le nom du village ou de l'objet que l'on veut rapporter, après avoir choisi comme objets les plus élevés, la tour P et le clocher *p*, on mesurera avec beaucoup d'exactitude la longueur de la base P*p*. Les observations seront faites, soit avec un graphomètre à lunettes, ou avec le cercle répétiteur : on placera l'instrument à la première station P, de manière que son centre tombe sur le point P, et que sa lunette soit dirigée dans l'alignement P*p* sur un signal placé au point *p*. On fera tourner l'alidade, de manière à prendre tous les angles qui se trouvent sur le tour de l'horizon. On aura autant de points que l'on aura changé de fois la lunette mobile ; la lunette immobile devant rester fixée sur *p*, on écrira sur un registre tous les angles formés après chaque observation, ainsi que l'angle que fait la base avec le rayon visuel, passant par le lieu que l'on vient d'observer.

Première observation. Ordre dans lequel il

faut écrire sur le registre les angles que l'on observe sur le canevas d'une carte faite du point P, la lunette immobile restant fixée sur le signal du point *p*.

Il faut, autant que possible, éviter de former les angles trop aigus ou trop obtus quand il s'agit du calcul des distances.

Du point P on pointera la lunette sur *p*, et l'on prendra l'ouverture des angles formés par les rayons visuels dirigés sur les objets visibles.

Il y a entre le point P, premier pointé, et les points	B (1) ——	23° 00′
	D ——	50° 00′
	E ——	102° 00′
	H ——	180° 00′
	A ——	22° 30′
	G ——	78° 20′
	F ——	86° 30′
	H ——	180° 00′

Seconde observation. On placera l'instrument en *p*, et l'on dirigera la lunette sur P, qui devient un premier pointé, et l'on trouvera

(1) La lettre B ou C remplace le nom d'un clocher ou d'un moulin, d'une maison ou d'un arbre que l'on aura observé. Il faut écrire ce nom.

	E	
	D	On écrira la valeur
Entre le point P et. . . .	B	des angles, observée
	G	comme ci-dessus.
	F	

On fera les mêmes observations pour tous les points dont on aura besoin, en transportant l'instrument à un nouveau point. On dirigera la lunette immobile dans l'alignement de la dernière station P ou p que l'on vient de laisser ; on continuera à observer les angles que l'on notera sur le registre, ainsi qu'on a fait au point P.

Observation. Sans figure on se représente facilement un triangle formé par trois points qui représentent des villages ou une seule maison.

On prévient qu'il faut, autant qu'on le peut, lorsqu'il s'agit du calcul des distances, former des triangles qui n'aient point des angles trop aigus ou trop obtus. Il convient de calculer tous les triangles sur les lieux, de crainte qu'en remettant ce travail, il ne se soit glissé des erreurs qui obligeraient de revenir à un lieu d'où l'on se serait déjà fort éloigné. Enfin, pour qu'il ne manque rien à la vérification du travail qu'on a fait, il est à propos de mesurer de loin en loin de nouvelles bases, et de s'en servir pour connaître des distances déjà déterminées. Après avoir observé les angles, il s'agit de résoudre un triangle dans lequel on connaît un côté et les trois angles. Voyez les N° 358 et suiv.

Voici le modèle d'un tableau qui fait voir la tenue du registre et les angles observés, et le calcul des logarithmes nécessaire pour parvenir à la connaissance des cotes des triangles que l'on veut mesurer. On ne s'étendra pas davantage sur les triangles. Cet ouvrage n'étant pas destiné aux grandes opérations, il faut voir, pour plus de développement, Verkaven, Lefèvre, la mesure de l'arc de la méridienne, par Méchain et Delambre, Legendre, Bezout, et tous les cours de mathématiques qui traitent de la trigonométrie et des logarithmes : pour les calculs des sinus, on consultera les tables de Callet, de Lalande, Reynaud, etc.

On trouve, au commencement de chaque table, l'explication et la manière particulière dont elle est arrangée, et cet arrangement n'a rien de difficile à concevoir.

MODÈLE DU CALCUL.

DÉSIGNATION des OPÉRATIONS.	ANGLES MESURÉS pour LES OBSERVATIONS.
On se propose de calculer le triangle formé par le point B, *Beaupré* et *Danval*; on représentera les côtés par BB′, BD, BD.	Entre *Beaupré* et *Danval*. . . 48° 49′ Entre le point B et *Danval*. . 31 33 Entre le point B et *Beaupré*. . 99 38 Somme des trois angles. . 180° 00′ *Proportions.* Sin. 99° 38′ : sin. 48° 49′ :: 3490m 07 : B′D. Sin. 99° 38′ : sin. 31° 33′ :: 3490m 07 : B′D.
On se propose de calculer le triangle formé par le point B, *Danval* et *Crenay*; on représentera les côtés par BD, BC, DC.	Entre *Danval* et *Crenay*. . . 33° 25′ Entre le point B et *Crenay*. . 70 52 Entre le point B et *Danval*. . 75 43 Somme des trois angles. . 180° 00′ *Proportions.* Sin. 75° 43′ : sin. 70° 52′ :: 1852m 27 : BC. Sin. 75° 23′ : sin. 33° 25′ :: 1852m 27 : DC.

DES TRIANGLES.

CALCUL DES DISTANCES.

On a trouvé BB′ = 3490^{m} 07.

Pour calculer B′D, on aura :

Logarithme 3490^{m} 07.	=	3,5428341
Logarithme sinus 48° 49′ .	=	9,8765680
Complément arith. log. sinus 99° 38′ .	=	0,0061676
Somme ou logarithme B′D . . .	=	3,4255697
Donc B′D	=	2664^{m} 22

Pour calculer BD, on aura

Logarithme 3490^{m} 07.	=	3,5428341
Logarithme sinus 31° 33′ .	=	9,7187030
Complément arith. log. sinus 99° 38′ .	=	0,0061676
Somme ou logarithme BD. . . .	=	3,2677047
Donc BD.	=	1852^{m} 27

On a trouvé BD = 1852^{m} 27.

Pour calculer BC, on aura :

Logarithme 1852^{m} 27.	=	3,2677044
Logarithme sinus 70° 52′ .	=	9,9753208
Complément arith. log. sinus 75° 45′ .	=	0,0136370
Somme ou logarithme BC. . . .	=	3,2566622
Donc BC.	=	1805^{m} 77

Pour calculer DC, on aura :

Complément arith. log. sinus 75° 48′ .	=	0,0136370
Somme ou logarithme DC. . . .	=	3,0222754
Donc DC.	=	1052^{m} 63

Il résulte des observations et des calculs ci-dessus, que la distance entre les points A et B mesurée, étant de 2500m.

Celle entre le point A et *Beaupré*. . .	=	2758,13
Celle entre le point B et *Beaupré*. . . .	=	3490,07
Celle entre le point A et *Ervée*.	=	2340,94
Celle entre *Beaupré* et *Ervée*.	=	4289,26
Celle entre *Beaupré* et *Danval*.	=	2664,22
Celle entre le point B et *Danval*. . . .	=	1852,27
Celle entre le point B et *Crenay*. . . .	=	1805,77
Celle entre *Danval* et *Crenay*.	=	1052,63

Il pourrait arriver que dans la suite des triangles où il s'agit de calculs, on ne connût que deux des trois choses nécessaires pour déterminer les triangles, soit parce qu'on a été dans l'impossibilité de mesurer certains angles, ou que, dans la suite des observations, on a négligé de les mesurer; alors on aurait recours aux N° 358 à 364.

Leçon onzième.

APPLICATION DU GRAPHOMÈTRE A LA PRATIQUE DE LA TRIGONOMÉTRIE.

N° 367. *Mesurer sur le terrain l'angle* XAY *au moyen du graphomètre.* On place le graphomètre en A, sommet de l'angle à mesurer, de manière que son centre soit verticalement au-dessus du sommet de l'angle; et, pour être certain de l'exactitude, on laisse tomber un fil à plomb du centre de l'instrument, ensuite on dispose horizontalement le plan du graphomètre, de sorte qu'on vise par les pinules de la règle fixée vers X, objet remarquable situé sur le côté de l'angle. Puis on fait aller et venir l'alidade, jusqu'à ce qu'on aperçoive, par ses pinules, le point Y marqué sur l'autre côté de l'angle; enfin on regarde à quel degré du limbe répond l'index de l'alidade, et on connaît la valeur de l'angle A.

Si l'on mesure AX et AY, on aura la distance de XY, que l'on ne peut parcourir.

N° 368. *Rapporter sur le papier un angle observé sur le terrain.* Après avoir tiré une ligne droite *ay* sur le papier, on placera le centre d'un rapporteur en *a*, et le rayon de l'instrument sur la droite *ay*. On remarquera, sur le limbe du rapporteur, le degré trouvé sur le terrain, qui est de 47°. On fera sur le papier, et au droit de la division, un point par lequel on mènera une droite *ax* qui formera l'angle de 47° avec la droite *ay*.

Si on fait *ax* et *ay* égaux à AX et AY, on aura l'intervalle des deux objets XY que l'on ne peut parcourir.

Mesurer un angle xay *sur le papier*. On appliquera le centre du rapporteur sur le sommet de l'angle, et le rayon de l'instrument sur le côté *ay*, on remarquera sur le limbe du rapporteur à quel degré l'autre côté *ay* coupe la circonférence. Si, par exemple, on trouve 47, l'angle *a* est un angle de 47°.

N° 369. *Des points* AB, *trouver la distance qu'il y a entre les deux objets* XY *visibles, mais que l'on ne peut parcourir*. On mesurera sur le terrain la base AB et les côtés AX et AY; et avec le graphomètre on mesurera les angles ABY, et du point A l'angle BAX que l'on construira sur le papier, pour avoir la distance XY.

N° 370. *Construire sur le papier la figure* 369. Au moyen du rapporteur et d'une échelle, on construira la base *ab* de 42^{m} de longueur, et les angles de 112 et de 95^{m}, trouvés sur le terrain de la figure 369. On donnera aux côtés *ax* et *by* les 54^m et 51^m, longueur mesurée sur le terrain; et l'échelle qui aura proportionné *ab* et *ax* déterminera la distance *xy*.

N° 371. *Trouver la distance d'un point* A *à un objet* X *dont on ne peut approcher*. On mesurera sur le terrain une base quelconque AB : on placera un graphomètre à l'extrémité A, on fera mettre un jalon à l'extrémité B, on mesurera l'angle BAX, on ôtera le graphomètre, et l'on placera un jalon au point A; puis on portera l'instrument à la place du jalon B, et on mesurera l'angle XBA : ainsi on connaîtra les deux angles d'un triangle, et la longueur de sa base, et on aura la distance AX, puisqu'on connaît la distance AB.

On construira cette figure sur le papier, au moyen de l'échelle et du rapporteur, comme on l'a fait aux figures précédentes.

N° 372. *Du point* B *mesurer les distances* BX *et la distance qu'il y a entre les deux objets* XY, *visibles, mais inaccessibles*. On formera, sur le terrain, la base AB que l'on mesurera, ainsi que les angles ABX et BAY. On construira, au moyen de l'échelle et du rapporteur, les deux angles à l'extrémité de la base de 65 pieds mesurée sur le terrain. L'échelle qui aura mesuré cette base donnera la distance BX et l'intervalle XY inaccessibles.

N° 373. *Lever le plan de l'exagone irrégulier, dont on ne peut parcourir ou mesurer les côtés.* On placera le graphomètre au point P, d'où l'on puisse apercevoir les angles ABCDE; on mesurera les angles et les rayons APE, APB, et on aura les distances AE et AB, suivant les N° 371, 372, etc.

N° 374. *Mesurer le terrain* AEBC, *dont on ne peut parcourir les côtés.* On mesurera une base telle que AB ou une autre, si cette direction n'était pas possible. Sur cette base, on formera deux stations P*p*; de chacun de ces points on mesurera les angles PAE, PED, etc., et on en fera autant du point *p*, suivant les N° 370 et 368.

Connaissant une base et des angles, on les construira sur le papier.

Pour établir le graphomètre avantageusement, on aura soin de le placer dans la direction des angles saillans ou rentrans, de manière à prendre avec l'alidade la direction des côtés DC, CF, comme cette figure en offre un exemple; ce qui abrégera les opérations de mesurage d'angles.

N° 375. *Lever le plan irrégulier d'un terrain soit intérieurement ou extérieurement, ou par des opérations d'emprunt:* On commencera par faire sur le papier un croquis, figuré et à peu près, du terrain, des angles et des diverses parties qui composent le plan, et sans aucune mesure.

Ensuite on écrira, sur ce plan brouillon, les mesures des cotes et les ouvertures d'angles, que l'on aura levées sur le terrain, de manière à pouvoir rapporter sur le papier, au moyen de l'échelle et du rapporteur; puis on mesurera l'angle BAC et les distances BA, AC, que l'on écrira sur le brouillon, ainsi que la mesure de longueur et les ouvertures d'angles que l'on aura trouvées sur le terrain, de manière à pouvoir les rapporter sur le papier.

Mesurer l'angle BED *extérieurement; un fossé* ſeg *empêche d'approcher au pied du mur.* On est forcé de faire un emprunt au moyen de plusieurs jalons P, 1, 2, 3, *q*, placés à égale distance du mur, de manière à faire un angle parallèle à BED; on lèvera cet angle et la distance des jalons au pied du mur.

Lever l'angle EDC, *le côté* DC *ne pouvant être parcouru.* On placera des jalons, tels que 3 et 4, dans la direction de DC, de manière à faire l'angle *qr* 3. Ayant la connaissance de cet angle, on peut le construire à l'extrémité de la droite *pq*; on prolongera *r* 4 qui donnera DC. Si le mur DC était trop haut, et qu'on ne pût mettre les jalons dans le même plan du mur, il faudrait s'élever au point *r*, pour mettre ce premier jalon dans la direction DC, ensuite diriger le 3me sur le 4me, et l'arête D. On aura aussi cette direction, en faisant élever un signal sur DC, si on peut entrer dans l'intérieur.

Lever les angles intérieurs BEDC, *le pied du mur ne pouvant être parcouru, soit à cause des saillies de la maison, ou par des obstacles qui peuvent se trouver sur une des directions* BE *ou* DC. On fera l'emprunt en plaçant plusieurs jalons à 3 ou 4 mètres de distance du mur. On pourra lever les angles 5 *et* 6, mesurer les côtés et toutes les irrégularités qui pourraient se trouver sur chacune des directions. Avec la connaissance des angles et des côtés, on rapportera sur le papier une figure semblable à celle qu'on aura levée. (*Voy.* les N° 504, 505.)

N° 376. *Mesurer la hauteur de la tour* NX, *dans laquelle on ne peut monter*. On suppose le terrain horizontal; on mesurera une distance arbitraire N*r*, et on placera un graphomètre, de manière que son centre R réponde bien à plomb au point *r*: on dispose le diamètre horizontalement, en sorte que le plan de l'instrument soit vertical; on fait tourner l'alidade jusqu'à ce que l'on puisse voir, à travers les pinules, ou la lunette dont elle est garnie, le sommet X; enfin on observe sur le limbe du graphomètre le nombre de degrés de l'arc compris entre l'angle XRM, qui mesure la valeur de l'angle.

Connaissant l'ouverture d'angle et la distance

MR égale à Nr, on n'aura plus qu'à ajouter à XM la hauteur MN pour avoir la hauteur de la tour.

N° 377. Au moyen d'une échelle et du rapporteur, on construira l'angle nrx, qui comprendra la hauteur NXr de la figure 376. L'échelle qui aura proportionné nr déterminera la hauteur nx.

Si on voulait plus d'exactitude dans l'exécution, on serait obligé de considérer cette figure comme un triangle (362), dont on connaît l'angle et la base.

N° 378. Si le pied de la tour était inaccessible, on formerait deux stations RP ; on mesurerait la base rp et l'angle XPM, comme à la figure précédente.

N° 379. Si du point r on rapporte avec l'échelle la distance rp, et qu'on forme à l'extrémité p l'ouverture d'angle égal à l'angle XPM ; on formera le triangle xpr égal à XPM, plus MN ou Pp qu'il faut avoir soin d'ajouter.

N° 380. *Mesurer les hauteurs* XZY *d'une tour dont le pied est inaccessible.* On choisira une base telle que PR, d'où l'on puisse apercevoir les points XY : on commencera par la base pr égale à PR ; ensuite du point R on prendra les ouvertures d'angle ZRY, XRZ, plus l'angle XRF formé par un fil à plomb qui passera par le centre de l'instrument ; on écrira la valeur des trois angles, et on portera l'instrument en

P, extrémité de la base mesurée. On prendra de nouveau les trois angles YPZ, ZPX et XPR, et on aura tout ce qu'il faut pour construire une figure semblable.

N° 381. *Rapporter sur le papier les opérations de la figure précédente.* Au moyen d'une échelle, on proportionnera la base *pr* égale à la base PR ; on construira, aux extrémités de cette droite, les trois triangles *prx*, *pzr* et *pry*. Les angles *x*, *z*, *y* seront proportionnés à la base *pr*, et l'échelle qui a construit cette base, donnera la distance de *xz*, *zy*.

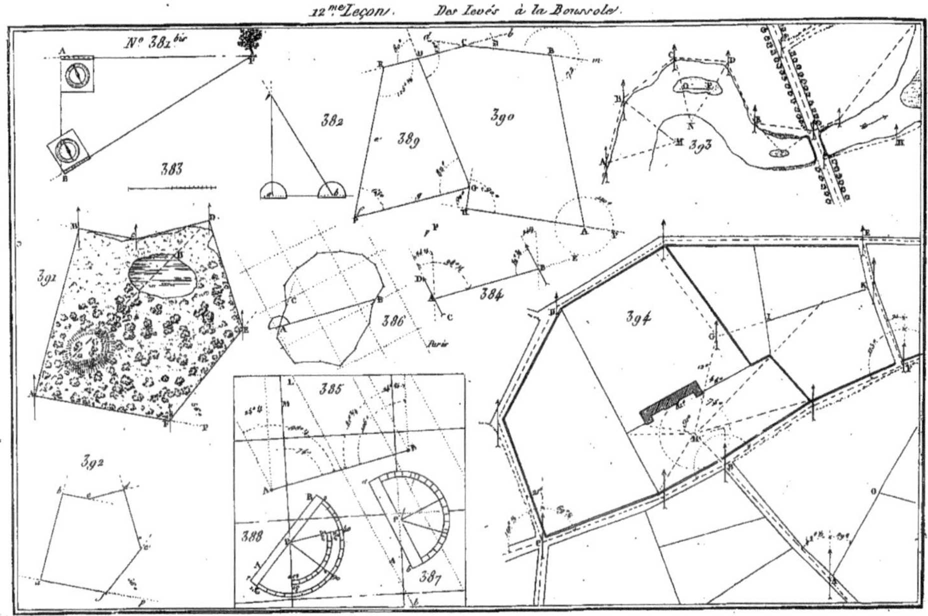

N° 381 bis
382
383
384
385
386
387
388
389
390
391
392
393
394

Leçon douzième.

DU LEVÉ A LA BOUSSOLE.

Description de la boussole. (*Voy.* les N° 316 et 317.)

Boussole du géomètre. Avant d'opérer avec la boussole, il faut l'éprouver de la manière suivante : on la dispose horizontalement, et on oriente dans le même sens les deux extrémités d'une longue ligne droite, pour voir si l'aiguille donne les mêmes degrés de déclinaisons ; l'aiguille doit toujours conserver sa même direction, ou elle n'est pas exacte. On connaît sa bonté lorsqu'elle est long-temps à se fixer.

Moyen de se servir de la boussole. Il consiste à prendre un alignement et à bien compter les degrés compris entre cet alignement. Il y a deux moyens : dans le premier, on ne considère point le nombre de degrés, lorsqu'il est au-dessous de 180°, on examine seulement si l'angle que fait l'aiguille aimantée est à droite ou à gauche de la ligne nord-sud tracée dans le fond de la boussole, et la valeur de cet angle. Dans l'autre, on compte depuis zéro degré indiqué par la flèche jusqu'à 360°; nombre de degrés compris entre zéro et le point où l'aiguille s'arrête.

La boussole ayant différentes constructions, on ne peut prévoir les mouvemens de rotation du limbe, que l'on arrête, d'ailleurs, au moyen d'un bouton (1). Puis il y a les levés isolés, où l'on ne peut obtenir de points assujettis à une méridienne vraie, et où l'on peut laisser le zéro du limbe coïncider avec l'axe de la boîte, toujours considéré comme ligne de départ. Dans ce cas, on rapporte sur le papier les relèvemens. (*Voy*. N° 386.)

Déviation de la boussole. L'aiguille de la boussole dévie à peu près de deux décimètres à une distance de cent mètres, ce qui n'est pas appréciable sur le dessin ni même dans toutes les opérations géographiques. Cet inconvénient est bien plus grand dans les opérations de la planchette : le placement de la boussole n'est assujetti qu'à une seule condition, il offre par lui-même des moyens de vérification, sans reprendre la série des opérations. En finissant, on a soin de ne quitter le polygone qu'après l'avoir fermé avec précision.

N° 381 bis. *Au moyen de la boussole, lever*

---

(1) D'autres ont une vis d'engrenage et tangente au limbe pour supprimer les lignes de déclinaison.

les angles du triangle ABP. Du point A on placera la boussole horizontalement, et on dirigera son alidade vers P ; on observera l'angle que l'aiguille a indiqué ; on écrira le nombre de degrés ; on retournera la boussole pour diriger l'alidade de A en B ; on prendra de nouveau l'angle indiqué par l'aiguille, avec la ligne *nord* et *sud* de la boussole ; on fera placer un jalon au point A, et l'on portera la boussole en B ; on dirigera les rayons BA, BP ; puis on écrira le nombre de degrés indiqué par l'aiguille ; on mesurera très-exactement, soit avec la toise ou le mètre, la base AB, et on aura tout ce qu'il faut pour construire sur le papier le triangle ABP. On connaîtra alors l'angle P par la valeur des deux autres.

N° 382. *Rapporter sur le papier le triangle que l'on vient de relever sur le terrain.* L'échelle N° 383 étant donnée, on portera de *a* en *b* la même valeur de mesure de cette échelle qu'on aura trouvée sur le terrain ; et, au moyen du rapporteur N° 78, on formera aux extrémités de cette ligne les angles observés sur AB, elles iront se rencontrer en un point *p*. On aura, suivant l'échelle, la valeur des trois côtés du triangle *apb*, égale à APB, et l'échelle qui aura proportionné la base *ab*, donnera les dimensions *ap*, *bp*. Il est convenable d'orienter le plan sur le papier, comme on l'a observé sur le terrain.

D'après ce qui vient d'être fait, on voit que

l'on peut mesurer des distances inaccessibles, puisqu'on n'a parcouru que la base AB pour avoir la longueur AP ou BP.

Pour rapporter à la méridienne vraie, *voy.* les N° 385 à 388.

N° 383. *Échelle.* On doit préférer pour les détails l'échelle de dixme.

N° 384. *Dans les levés observer la déclinaison de l'aiguille aimantée pour rapporter les angles à la méridienne.* La boussole étant à la station ou au signal A, on prend la direction sur E : l'aiguille indiquera un nombre de degrés, par exemple 98° $\frac{1}{4}$. Pour mesurer cette déclinaison, on suppose un plan vertical, passant par la direction de l'aiguille, qu'on appelle *méridien magnétique ;* l'angle formé par ce méridien, avec le méridien terrestre du lieu, est *l'angle de déclinaison* trouvé de 24 $\frac{1}{4}$. On apportera à cette opération la plus grande attention, puisque c'est par l'orientation de l'aiguille que l'on obtient celle des objets, relativement aux points qui servent de base aux levés de détail d'une carte.

Pour obtenir la déclinaison de l'aiguille de la boussole, il faut connaître la position géographique de deux points, ou au moins celle d'un, et la direction sur un autre, afin d'avoir l'angle de cette ligne avec la méridienne.

La boussole étant à o, où coïncide la ligne o, et 180 avec les indicateurs du cercle dans lequel il se meut, on la place à l'un des deux objets, pour prendre la direction sur l'autre. Lorsque l'aiguille sera arrêtée, on cotera avec soin le nombre de degrés auquel elle correspondra ; on fera faire ensuite une demi-révolution à la boussole pour voir l'alidade à sa gauche, et on prendra une seconde direction sur le même objet. On lira l'arc parcouru par la même pointe de l'aiguille, et après avoir diminué un des deux arcs d'une demi-circonférence, on comparera le nombre de degrés restant à l'autre arc : la moyenne de ces deux résultats sera au point où l'on a fait la station. L'angle d'inclinaison, formé par le méridien magnétique, est le côté sur lequel on a opéré : la différence entre cet angle et l'azimuth de la ligne sera la déclinaison.

Autre manière d'observer la déclinaison de l'aiguille aimantée. Si l'on eût fait la station à un endroit quelconque B, sur l'alignement AE, dans ce cas, la boussole étant placée à ce point, on fixera l'alidade sur le point A ; et, sans déranger l'instrument, on s'assurera si le point D répond au rayon visuel des pinules ; cela étant, on lira le degré indiqué par la pointe de l'aiguille qui se dirige du côté du nord ; puis, faisant faire ensuite une demi-révolution à la boussole pour observer l'objet E, le degré que la même pointe de l'aiguille aura indiqué sur l'autre demi-circonférence, fera voir s'il correspond au degré que l'on a eu à la première direction. S'il y a une différence, la moyenne des deux nombres sera l'angle entre le méridien magnétique et la ligne qui joint les deux points observés.

N° 385. *Rapporter les relèvemens des objets observés.* La ligne L*l* représente l'aiguille aimantée, la ligne MP représente le méridien, et toutes les parallèles à cette ligne MP sont des parallèles au méridien. A est un point de station d'où l'on a rapporté tous les angles observés avec la base AB, comme on l'a levé au N° 385. Supposons que le côté AB fasse, avec le méridien du lieu, ou avec tel autre auquel les points sont rapportés, un angle d'inclinaison de 74°, et que l'angle d'inclinaison avec le méridien magnétique, N° 384, 386, soit de 98 $\frac{1}{4}$; la différence 24 $\frac{1}{4}$ sera l'angle cherché que fait l'aiguille avec l'un ou l'autre méridien.

Dans le cas où l'on n'aurait pas en nombre l'azimuth sur l'horizon de l'une des extrémités du côté AB, on prendrait alors avec le rapporteur, sur la carte, le nombre de degrés de l'inclinaison de ce côté avec le méridien vrai.

N° 386. *Rapporter les opérations de l'aiguille aimantée.* Sur le papier l'on rapporte les relèvemens ; on trace, à un décimètre de distance l'une de l'autre, des lignes parallèles qui représentent l'aiguille aimantée ; et, sur ces lignes, on élève des perpendiculaires pour rapporter les angles avec le nouveau rapporteur, N° 388. On commencera à un point trigonométrique que l'on place arbitrairement sur son papier; on ira successivement de station en station, en orientant et mesurant, sans dessiner de détails, les différens côtés du polygone; on passera sur le terrain par un ou plusieurs points donnés; et, si en construisant le périmètre jusqu'au point de départ, il se ferme exactement, on sera sûr de leur position par rapport à ce nouveau point.

Pour plus de certitude, on pourra traverser le périmètre que l'on vient de fermer, en se dirigeant du point A, où l'on est arrivé au point B: si, par ces deux points, dont on connaît les azimuths vrais par les calculs, on trace une ligne; elle coupera les parallèles qui représentent la direction de l'aiguille aimantée, et l'on aura l'azimuth magnétique. Comparant ensuite le nombre de degrés qu'il renferme au nombre de degrés de l'azimuth vrai, indiqué sur la carte, figure 385, on aura la déclinaison de l'aiguille aimantée qui sera leur différence.

Remarque. Pour obtenir les angles de la boussole avec plus de précision, il faut se tenir vis-à-vis de l'extrémité de l'aiguille, quand on lit le degré qu'elle indique. Il faut aussi faire en sorte que le clou à vis, qui fixe au-dessous de la tige en bois du trépied de la boussole, N° 308, le triangle en cuivre auquel tiennent les 3 pieds, ne soit pas en fer, afin d'éviter le dérangement qu'il peut causer à l'aiguille aimantée, et dont souvent on ne devine pas la cause. Il est bon aussi que les fiches, dont les chaîneurs se servent pour mesurer, soient en laiton bien écroui : par cette précaution, on préserve l'aiguille aimantée du dérangement qu'elles lui causent lorsqu'elles sont en fer, et qu'on les approche de la boussole.

Tracer une direction sur la carte. Pour tracer cette direction sur la carte, on mettra le diamètre du rapporteur sur la direction AB. Le centre étant sur le point A, de ce point, et avec un autre que l'on aura marqué au degré trouvé, on tracera une ligne AC qui sera la direction cherchée. On continuera de cette manière au point C, la longueur AC ayant été déterminée par la cote mesurée sur le terrain ; on formera la direction CD, etc.

N° 387, *Rapporter les opérations de l'aiguille aimantée avec l'ancien rapporteur.* Lorsque les points sont coordonnés à un méridien vrai, il faut, pour rapporter les relèvemens de la boussole, tracer des lignes qui fassent, avec ce méridien, un angle de déclinaison égal à celui de l'aiguille aimantée.

On est obligé de faire deux opérations pour

rapporter les directions des angles formés par l'aiguille aimantée et l'objet observé. Lorsque le point de station est trop près, ou trop éloigné du méridien, et que les angles sont trop aigus ou trop obtus, on place le centre et le degré du rapporteur à la fois sur le méridien ; on le fait ensuite mouvoir parallèlement à lui-même. Mais le peu d'ouverture d'angle entre la règle et le diamètre du rapporteur couvre le point de station, ou la règle n'y atteint pas ; alors, dans l'un ou l'autre cas, on devrait tracer la direction hors du point de station, pour lui mener ensuite une parallèle par le point où la direction aurait dû être tracée, et par conséquent faire une double opération.

Quand l'angle d'une direction indiquée par l'aiguille aimantée est trop aigu ou trop obtus, elle ne peut pas toujours être tracée d'une seule opération avec le rapporteur ordinaire, parce que, l'angle avec le méridien étant trop aigu, sa règle R*r*, subordonnée au degré et au centre, qui doivent toujours rester sur le méridien, ne peut pas arriver sur A ; on emploie alors le rapporteur complémentaire, et l'on se sert des lignes perpendiculaires au méridien.

N° 388. *Rapporter sur le papier avec le rapporteur complémentaire, divisé en* 360° (320). Quand on rapporte les degrés, il faut avoir soin, surtout à la première station, de tracer la direction du premier objet observé du côté convenable relativement au méridien, afin qu'elle soit bien orientée d'après le nombre de degrés que l'aiguille a indiqué. De 0 à 90, la direction se tracera dans la région nord-ouest ; de 90 à 180, dans la région sud-ouest ; de 180 à 280, dans la région sud-est ; enfin, de 270 à 360, dans la région nord-est, le nombre de degrés qu'on rapporte étant lu et correspondant à la pointe nord de l'aiguille, et l'alidade étant à droite.

Supposons qu'à la première station A, l'aiguille de la boussole ait marqué le degré 230 pour la direction observée ; on placera, comme nous l'avons déjà dit, le rapporteur sur le papier, de manière que son centre P, et le degré s'appliquent à la fois sur le méridien MP ; on le fera mouvoir parallèlement à lui-même, et toujours sur ce méridien, jusqu'à ce que la règle R*r* rencontre le point de station A ; alors on tracera la direction AR du côté sud-ouest, et cette ligne indiquera sur la carte le rayon de l'objet que l'on a observé. Si l'on prend plusieurs directions à la même station, on les rapportera par le point A, autour de la direction que l'on vient de tracer, et suivant l'orientation des objets, d'après les degrés indiqués par l'aiguille aimantée. La seconde station se rapportera à la suite de la première, et ainsi de suite.

N° 389. *Lever le plan du trapèze* DEPG. Si

on peut entrer dans le terrain, ou seulement parcourir les bords, on en mesurera les angles GPE et les bases *g, e*, et avec ces deux données on construira la figure comme au N° 382.

N° 390. *Lever le plan du polygone dans lequel on ne peut entrer ou que l'on ne peut parcourir entièrement.* On a déjà vu plusieurs moyens dans le levé à la chaîne (N° 330), et à la planchette ou au graphomètre (N° 347, 375), comment on mesurerait extérieurement ou par des emprunts. Ainsi on mesurera l'angle DCB, en prolongeant BC en *d* et DC en *b*, on aura l'angle opposé *d*C*b* égal à DCB; on prolongera CB en *m*, et on mesurera l'angle AB*m*; on en fera autant pour l'angle A et pour l'angle H qui peut être mesuré en dedans et en dehors. Ainsi lorsqu'on aura les bases GH, HA, AB, BC et CD, ainsi que les angles C, B, A, H, on aura tout ce qu'il faut pour construire la figure.

On peut voir par la réunion des figures qu'il est avantageux de lever plusieurs terrains contigus puisque le premier levé donne deux côtés de l'autre; car le N° 389 donne le côté D*c* et DG réciproquement,

N° 391. *Au moyen de la boussole, lever le plan de la forêt* ABDE. On placera des jalons aux angles et aux sinuosités les plus apparentes, telles que A, B, *c*, D, E, F; si les côtés n'étaient pas bien formés, tels que ceux BDF, on évaluerait les sinuosités avec la ligne droite qui partirait d'un jalon à un autre, comme on l'a fait pour ACH du N° 336 ; en partant de l'un de ces points, on mesurera les angles et les distances entre chaque jalon, de manière à pouvoir construire très-exactement avec l'échelle et le compas, la figure ou le périmètre de la forêt.

On peut lever les angles sans boussole en prolongeant AF vers P, et en mesurant l'angle PFE et les bases AF, EF : ainsi des autres.

Percer une route dans une forêt, la direction AD *étant donnée.* Je suppose que le plan en soit très-exactement levé, et s'il ne l'était pas il faudrait le faire, en mesurant les angles ABcD, puis construire l'angle que forme la droite AD, avec AB et cD. Il est clair que si les points AD sont visibles, qu'il suffit de placer des jalons dans l'intervalle et dans cette direction, de manière à porter à droite et à gauche de chaque jalon la moitié de la largeur de la route, ce qui peut se faire aux deux extrémités, et jalonner les deux côtés de la route.

La forêt ne permet pas toujours ce genre d'opération ; puis ici il y a obstacle par la montagne G ; alors il faut avoir recours aux angles extérieurs. Enfin, l'angle de la direction étant connu, on placera la boussole à un des points A,D, et on fera marcher dans cette direction, et aussi doucement que l'on voudra, en plaçant des jalons de distance en distance, et une fois qu'il y en aura deux placés dans la direction, il sera facile de prolonger sans boussole. On sera sûr, si l'on a bien pris l'angle et bien jalonné, d'arriver très-exactement au point D.

On peut commencer l'opération en même temps des points A et D, et abréger le temps en employant le double de monde; les circonstances seules peuvent commander l'un ou l'autre de ces moyens.

Si la mare HI empêchait de jalonner AI, il faudrait faire faire le tour de la mare, et suivre son bord opposé, jusqu'à ce que l'on rencontrât H dans la direction de IA, puis on prolongerait HI jusqu'au point D.

Si les contours de la forêt n'étaient pas praticables, ou que l'on ne pût en faire le tour, il faudrait faire élever un signal au point A, visible du point D, ou du point D, visible en A; de manière à pouvoir prendre avec la boussole l'angle que forme cette ligne avec la méridienne. Si on peut monter au haut du signal, pour observer avec la boussole, on cherchera dans la campagne deux endroits d'où l'on puisse voir les signaux, de manière à faire quelques jalons dans cette direction, de manière à pouvoir prolonger dans la forêt; un seul côté suffit, et ce moyen de jalonner est très-exact et très-prompt, et peut se faire sans instrumens.

Usage des flambeaux ou autre lumière. La nuit, on peut se servir avec succès de flambeaux au lieu de jalons, pour placer des points de repaire avec des piquets, ce qui formera une ligne jalonnée que l'on reconnaîtra le jour.

N° 392. *Rapporter sur le papier le plan qu'on a levé à la boussole.* Au moyen de l'échelle, comme on l'a dit N° 382, on construira la base *af*, sur laquelle on formera l'angle *efp*, égal à EFP, ou *baf* égal à BAF, ainsi de suite.

N° 393. *Lever le cours d'une rivière* ABCDE *avec la boussole.* On placera des jalons sur un de ses bords, de manière à avoir différentes bases, telles que AB, BC, etc. On mesurera la longueur des bases, et l'angle qu'elles forment avec la ligne nord ou la méridienne. Si les sinuosités de la rivière sont nécessaires, e qu'on veuille les avoir exactement, on emploiera le moyen indiqué par ACH. (N° 336.)

Si, en faisant la première opération, on voulait prendre la largeur de la rivière, ou relever quelques points remarquables, on dirigerait la lunette de la boussole sur ces points ou sur des jalons que l'on y aurait placés, tels que MN ou OP : le point M se relèvera des points AB, et N ou OP des points CD ; la base AB étant mesurée ainsi que les angles BAM, ABM, on construira le triangle comme on l'a fait au N° 382, et il en sera de même pour tous les autres triangles que l'on pourrait mesurer.

On peut prendre les directions des routes, de ponts, etc., comme l'indiquent les lignes ponctuées et les directions de l'aiguille aimantée de la boussole placée en EH, etc., sur le plan.

N° 394. *Au moyen de la boussole, lever le plan d'un pays avec les détails qui s'y trouvent.* On prendra des bases suivant les chemins formés par les grandes routes ou les murs de clôture; enfin, on passera, s'il est besoin, par tous les petits sentiers, pour avoir le parcellaire des terres.

Soit pris pour première station le point A : on dirigera son alidade sur la direction AB et AO; on marquera sur le croquis les angles trouvés entre la direction AB et l'aiguille aimantée, et on en fera autant pour la direction AO; on mesurera ensuite les distances AO et AB, que l'on aura soin d'écrire sur le croquis.

On fera une seconde station au point B; on mesurera les angles et les distances que l'on pourra former dans les directions BC et BF; on fera le tour du polygone BFEDC; on mesurera les angles et la distance des bases à tous les points où la boussole aura été placée. On peut lever de cette manière tous les chemins, ou du moins la direction des droites prise sur chaque chemin, car ils peuvent bien n'être pas tous droits : alors il faudrait laisser les jalons, ou enfoncer des piquets en place, pour relever les différentes sinuosités, ainsi que la rencontre des pièces de terre qui sont sur les bords du chemin.

Si l'on veut avoir le détail d'une ferme, ou lever le plan d'une cour avec la maison, on prolongera, par une des portes, un angle formé avec la direction de la route déjà mesurée. Soit prolongé AB, qui est dans la direction de la porte ; on prendra sur cette direction un point quelconque, pourvu que l'on puisse voir le plus d'objets ou d'angles possibles. Soit pris le point H, duquel on peut prendre les angles et les longueurs des rayons ; on pourra construire la cour et la maison, respectivement avec les chemins AB, CB et BF.

Pour continuer le levé, il est avantageux de placer le pied de la boussole dans la direction d'un côté donné, de manière à avoir sa position sans la mesurer : par exemple en G, que j'ai placé sur le prolongement IK. Le point K a pu être mesuré en parcourant le chemin EF, et cela vérifierait l'opération ; mais on peut s'en passer, il suffit de mesurer la base HG.

Règistre des opérations faites sur le terrain.

POINT de DÉPART.	DIRECTION de L'AIGUILLE.	MESURE en TOISES.	POINT de DÉPART.	DIRECTION de L'AIGUILLE.	MESURE en TOISES.
de A	42 1/2	17 3	de B en CDE	117 1/2	7 1
	29	10 4		109 1/2	14 0
	136 1/2	25 2		21	14 3
de B à E	56 1/2	11 5		48	14 1
	66 1/4	12 2		27 1/4	13 2
	21	9 1		90	21 4
	15	3 0			

Observations. Plusieurs circonstances influent sensiblement sur les variations de l'aiguille : il suit de ces faits, que la boussole ne doit être employée, pour le levé des plans et cartes, qu'après avoir établi un canevas, dont les points, qui forment les bases, sont déterminés par le calcul ; et, lorsqu'on l'a complété, soit par des périmètres ou par des positions arrêtées graphiquement avec la planchette, avec un semblable canevas, on peut, quand on le veut, s'assurer de la marche de l'instrument. Comme on se trouve resserré dans de petits espaces, le dérangement de quelques minutes, dans les directions qui lient les objets entre eux, ne produit pas d'erreurs sur l'orientation des petits côtés que l'on mesure.

En bornant donc l'usage de la boussole principalement au levé des détails, malgré ses inconvéniens, elle présente beaucoup d'avantages pour les reconnaissances et les détails qui doivent compléter un plan ou une carte.

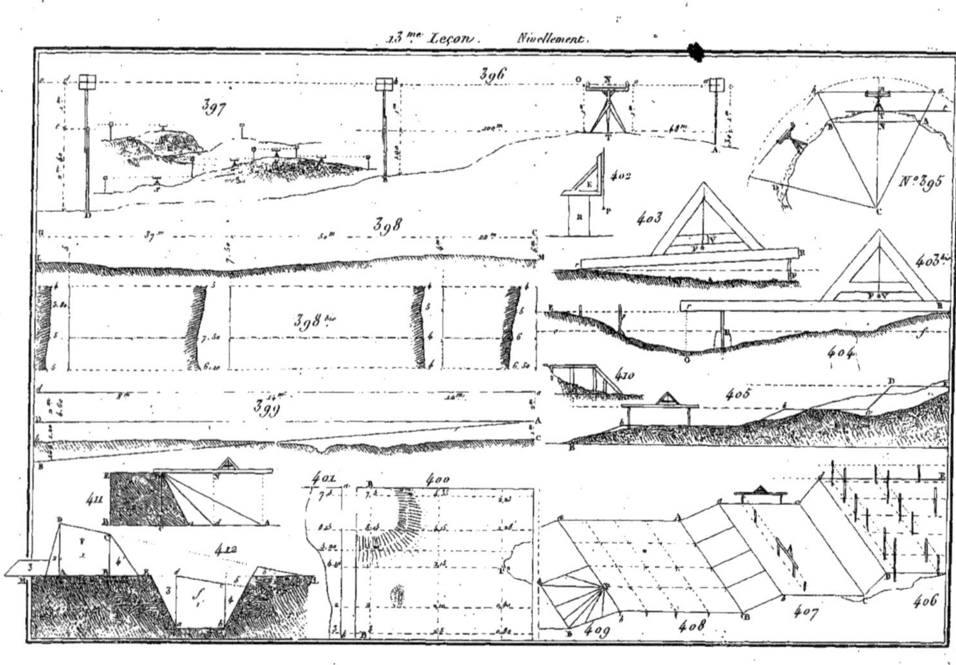

Leçon treizième.

DU NIVELLEMENT, DES DÉBLAIS ET REMBLAIS.

Les opérations de nivellement ont lieu pour connaître de combien deux points ou un plus grand nombre sont plus ou moins élevés les uns que les autres. On les emploie dans les travaux où l'on veut diriger des eaux, ou pour l'exécution des terrasses, où l'on veut évaluer les déblais et remblais. Il y a des niveaux de plusieurs espèces. Pour les petites opérations de détail, on se sert du niveau à fil à plomb (N° 302); du niveau d'eau pour les petites distances de 1 à 100 mètres (N° 304); pour les opérations d'une grande étendue, on se sert du niveau à bulle d'air simple et à lunette; pour mesurer la hauteur des hautes montagnes, on se sert du baromètre. On n'en parlera pas dans cet ouvrage purement pratique.

N° 395. *Explication du nivellement*. ATBD représente la partie de la terre supposée ronde. Le point D est plus bas que le point A, puisque la distance CD, au centre de la terre, est plus petite que la distance CA. Les points AB sont dits de niveau, parce qu'ils sont également éloignés du centre de la terre C. La ligne ATB est dite de niveau, parce que tous ses points sont à une égale distance du centre de la terre. Cette ligne, dont l'étendue est supposée n'être que de 2 à 300 mètres, est de niveau à cause de la grandeur de la circonférence de la terre, et ne s'écarterait de la droite ANB que d'une très-petite quantité, qui ne peut être évaluée dans les travaux. La droite tangente à la terre est appelée *horizontale*, parce que la terre nous paraît plate et de niveau. On appelle cette ligne T*t* *niveau apparent*, et ATB *niveau vrai*. Une ligne de niveau apparent est une ligne droite; une ligne de niveau vrai est une courbe: ainsi, une surface, dont tous les points sont également éloignés du centre de la terre, est une surface de niveau; telle est la surface de l'eau d'un bassin.

Observations, et manière de se faire entendre en travaillant au nivellement. Pour aligner ou tracer, il faut être au moins trois personnes; on ne peut parler en travaillant, surtout dans les grandes distances où la voix se perd; on a recours alors à des signes conventionnels.

Si, en alignant un jalon sur une ligne, il s'incline du côté gauche, il faut montrer la main en l'agitant de gauche à droite, pour indiquer que ce jalon doit être redressé du côté droit. Si la mire doit être levée ou baissée, on lèvera ou baissera la main jusqu'à ce que le niveleur soit satisfait.

Il faut éviter de faire des nivellemens par un temps sombre et pluvieux, ainsi que par une trop grande chaleur, un grand vent; ces différens états atmosphériques nuisent à la vue, et font varier le rayon visuel. Il faut que les yeux distinguent parfaitement les objets éloignés.

Quand on est pressé et qu'il fait beaucoup de vent, il faut avoir recours à un paravent qui garantisse le niveau.

Lorsqu'on est forcé de se servir du niveau quand il gèle, on remplace l'eau par de l'eau-de-vie.

Lorsqu'on fait des nivellemens pour de grands travaux, et qu'on ne les exécute que très-lentement, il est d'usage de placer en terre, et dans la direction des travaux, des points de repaire, tels que de longs piquets enfoncés en terre, ou des bornes en pierre, sur lesquelles on grave la hauteur du déblai ou du remblai à faire.

N° 396. *Au moyen du niveau d'eau* (N° 304) *construire la pente du terrain* TABD, *ou déterminer la différence de niveau entre deux points* AD. On placera l'instrument au point T, de manière à déterminer la différence de niveau d'un seul coup de A à B, éloignée de 148^{m}; pour avoir la distance de A*a* et de B*b*. Pour opérer, on fait placer un homme en A, tenant fixement et à plomb, une double toise ou règle graduée en partie métrique, avec la mire qu'il fera hausser ou baisser, suivant le commandement de l'observateur, au moyen des signes convenus. L'observateur se place à quelque distance du niveau, à un mètre ou 2 à 3 pieds à peu près ; il baisse l'œil jusqu'à ce qu'il aperçoive les deux surfaces de l'eau se confondre avec le milieu de la mire; si cela n'était pas, il faudrait hausser la mire jusqu'à ce que le centre se confondit avec le rayon visuel qui passe par les deux surfaces de l'eau O*o*.

On mesurera les hauteurs NT et A*a*, puis on comparera ces deux hauteurs ; si elles sont égales, alors les points *a*N et AT seront de niveau ; si A*a* est plus grand que TN, on fait la soustraction ; et la différence de AT, suivant les cotes, est de 0^{m} 30 sur la longueur de 48^{m}.

On fera marcher le porte-mire au point B ou au point D, et l'on opérera comme pour le point A ; si la distance DT était trop considérable, ou la hauteur D*d* trop élevée, alors il faudrait reporter le niveau entre la station BD, et l'on opérerait comme on a fait du point T pour les points AB.

N° 397. Lorsque des vallées, des bois, ou

d'autres obstacles empêchent les nivellemens partiels, et qu'on se trouve obligé de niveler des objets fort éloignés, il faut que deux observateurs, placés chacun à l'un de ces objets, nivellent de l'un à l'autre au même moment, avec des niveaux à lunettes. Par l'effet des réfractions, et à une très-grande distance, un même objet, observé à des heures différentes, paraît de différente hauteur, et au-dessus du lieu où il est effectivement.

D'après ce que l'on vient de dire, si l'on veut avoir les profils de la montagne x y z, on placera successivement le niveau au point x et aux points intermédiaires, en mesurant à chaque station la hauteur du point qui suit au-dessus ou au-dessous de celui où l'on opère; on enregistrera avec ordre toutes les hauteurs trouvées, en distinguant par deux colonnes celles qui vont en montant de celles qui vont en descendant; cette opération faite, on additionnera, toutes ces hauteurs, prises en montant de x en y, et de y en z; en descendant, si ces deux sommes sont égales, les deux points seront de niveau; si elles sont inégales, on retranchera la plus petite de la plus grande, et le reste sera la quantité dont le point z est au-dessus ou au-dessous du point x.

N° 398 et 398 *bis. Tracé des profils d'un terrain.* Dans les terrasses des routes on fait deux espèces de profils, les premiers dans la direction de la route LM, et les profils N° 398 *bis* sont faits en travers de la route, ou perpendiculairement à la ligne LM. On commence par déterminer la ligne de niveau HC à une hauteur quelconque des points M ou L, on marque toutes les cotes verticales et les distances qui les séparent; puis, au moyen des deux cotes, on détermine avec beaucoup de soin la ligne de projection AB du N° 399.

N° 398 *bis*. *Des profils en travers*. Après avoir fait le nivellement dans l'axe donné, LM, on prend un assez grand nombre de profils en travers pour qu'on puisse regarder le terrain comme uniforme d'un profil à l'autre. Je suppose qu'on ait adopté 6^m au-dessus du terrain naturel en M, on aura trouvé en L 5^m; ainsi des autres stations. On prendra, avec le niveau, plusieurs points que l'on aura soin de coter tels que les 5^m au point de départ 3^m, et 4^m, ainsi de suite. Avec tous ces profils il sera facile d'évaluer les remblais et les déblais, soit pour niveler le terrain, soit pour former une légère pente régulière, comme on peut le voir à la figure suivante.

Des terrasses, déblais et remblais. On appelle déblai un massif de terres qu'il s'agit d'enlever, et remblai lorsqu'il est question de rapporter des terres pour combler ou niveller une excavation. Il faut observer le tassement dans les remblais ; on est souvent obligé de recharger. Les terres foisonnent d'un sixième de leur volume en déblayant. (V. le N° 411.)

N° 399. *Déterminer la pente d'un terrain, et méthode de décomposer la solidité des terrasses* (1). Soit la direction donnée *b* C, ainsi que la forme du terrain : on cherchera la ligne de projection AB ; cette ligne doit être placée de manière que le cube des remblais diffère le moins possible de celui des déblais. Pour déterminer la ligne de projection AB, il faut trouver la pente que doit avoir cette droite, et s'assurer si elle convient à l'objet qu'on se propose. Après avoir fixé la hauteur au-dessus du point *b* et au-dessus de C, on déterminera celle qui passe à 1^m 40 au-dessous de *b* et 1^m au-dessus de C, et alors on aura la pente de la droite A B, comprise entre *ad* de 34^m de longueur :

Pente sur toute sa longueur.

Pente sur une longueur d'un mètre.

Sur une longueur de douze mètres.

Connaissant la hauteur *d b*, et *d* B, on aura la hauteur D *d* de 2^m; de même pour C *a* et C A, on aura la grandeur des verticales *d* D et A *a*

(1) *Essai sur la Cubature des Terrasses*, par P. Busson-Descars. Paris, 1818.

de 2^m. Si l'on soustrait A *a* de B *d*, la différence sera la pente AB sur la longueur *a d*, de niveau, et parallèle à AD. Pour avoir la pente par mètre, on divisera 34^m, par 1^m 40, et on aura la pente par mètre de AB. On voit que plus la distance AD sera grande, plus la pente par mètre sera petite.

Si l'on voulait diminuer la pente BD, il faudrait, ou allonger la distance AD, ou relever le point d'arrivée B, ou abaisser le point de départ A. Les cotes étant déterminées, on aura les différentes quantités, dont les lignes de projection indiquées par les profils entravés (N° 398 *bis*), au-dessous ou au-dessus du terrain naturel. On ne saurait apporter trop de soin dans le calcul pour les déblais et remblais.

N° 400. *Déterminer le différent mouvement du terrain, et se passer des profils.* Le plan ABB étant levé, on formera plusieurs droites nivelées; on marquera les cotes en rouge; le point P à côté de *o* marquera le point de départ du nivellement, et toutes les autres cotes seront plus élevées de ce point de la quantité qu'elles exprimeront.

N° 401. *Profils suivant* BB. Avec la connaissance des profils en travers, il sera bien facile de déterminer le calcul de déblai et remblai : il n'y a rien de plus simple, pour se rendre compte des différentes élévations, que de se faire un plan coté. La ligne *b b* étant horizontale, et à la hauteur du point *o*, on verra que, pour mettre la direction B B de niveau avec le point *o*, il faut enlever tout le profil *b b*: les cotes indiquent la quantité de hauteur que la projection horizontale B B détermine. Il sera facile d'établir des profils suivant la direction nivelée, puisqu'on aura sur le plan les cotes nécessaires pour les former.

Opération du nivellement au moyen du niveau à fil à plomb. Le niveau ordinaire, quoique inférieur au niveau d'eau, ne laisse pas de l'être assez pour mettre de niveau de grands espaces, tels que des cours, des jardins et des terrasses, etc. C'est de ce niveau qu'ordinairement se servent les maçons et les menuisiers. L'usage en est fort aisé, et la facilité d'en trouver partout le fait préférer à tout autre. (V. le N° 302.)

N° 402. *Mettre un corps solide, tel que* R, *à plomb de niveau, ou de niveau seulement*, au moyen du niveau E, et d'une règle (n° 302). Lorsque l'on n'a pas de règle, on place une des branches du niveau (qui doit toujours être d'équerre) sur le solide; puis, au moyen d'un fil à plomb P, on verra si le côté de l'équerre qui se trouve placé verticalement, rencontre dans toute sa hauteur le fil à plomb; si cela n'existait pas, il faudrait lever ou baisser un des côtés du solide, jusqu'à ce que le fil à plomb fût, dans toute sa hauteur, en contact avec le côté de l'équerre : alors la condition sera remplie.

N° 403. *Dresser un terrain ou le mettre de niveau au moyen de piquets et de stations.* L'endroit où l'on pose la règle et le niveau, pour faire l'opération du nivellement, s'appelle *station;* de sorte qu'un coup de niveau est compris entre deux stations.

La première station se fait en plaçant sur un repaire ou point donné, tel que *r*, un des bouts d'une longue règle de 9 à 10 pieds (3 mètres environ); l'autre bout repose sur le bout d'un piquet que l'on enfonce en terre suivant le besoin. On s'assurera de la quantité d'élévation que la tête du piquet P a sur le point *r*, en mettant sur le milieu de la règle R*r* un niveau V, de manière à voir si le fil à plomb P tombe sur la verticale tracée sur la barre du niveau en V, comme on le voit dans la figure. Il faut abaisser la règle du côté R jusqu'à ce qu'elle réponde au point P; on baissera le piquet *p* jusqu'à ce que le niveau soit juste; ensuite on ôtera la règle pour rapporter le bout *r* sur le jalon P, afin de continuer le prolongement. On pourra ôter le niveau, et faire placer des piquets dans la direction; et à peu près de niveau en bornoyant, ou mirant le long de la règle, on enfoncera les piquets jusqu'à ce que leurs têtes paraissent justes à la hauteur de la règle.

N° 403 *bis*. Cette figure est la continuation de l'opération précédente. On voit le niveau et la règle ramenés horizontalement. Il n'est pas nécessaire d'enfoncer les jalons ou piquets de toute leur longueur; il suffit de faire un repaire en marquant la ligne de niveau, et de rapporter des terres jusqu'au point marqué sur le piquet.

N° 404. *Dresser le terrain ou le mettre de niveau, les points* R E G *étant donnés*. On placera des piquets qu'on laissera de toute leur longueur; on marquera la ligne de niveau; on prendra la différence de hauteur G*r*; on calculera le remblai, et on enlèvera des points R*f* et E*e* de la terre, pour butter le piquet jusqu'à la hauteur P, hauteur reconnue suffisante pour niveler E G R suivant la droite *ef*.

On peut se dispenser d'enfoncer les piquets; il suffit de faire soutenir la règle par un petit bâton que l'on coupera de longueur, pour avoir une mesure juste et portative des terres à enlever ou à rapporter. (*Voy*. les N° 400 et 406.)

On fait des jalons d'emprunt, que l'on rapporte des têtes des jalons nivelées à la hauteur des terres que l'on veut rapporter, ou en le faisant décharger du pied jusqu'à ce qu'il soit à cette hauteur.

N° 405. *Dresser un coteau en terrasse, sou-*

tenue par des talus et glacis de gazon. Sur le sommet du coteau, d'où l'on veut faire commencer la première terrasse E, on prendra très-exactement les différens profils cotés, comme au N° 401, et l'on fera l'étude du remblai et du déblai. On aura égard aux *fondis* (creux ou excavations) qui sont à remplir, aux crêtes et buttes qu'il faut arraser. Le profil BBE ayant été levé, on en étudiera les talus et terrasse. Lorsque le terrain est très en pente, on peut disposer les pentes de trois manières : la première, en faisant des terrasses les unes sur les autres, à différentes hauteurs, que l'on soutient par de bons murs de maçonnerie.

La seconde, en pratiquant de même des terrasses qui se soutiendront d'elles-mêmes par le moyen des talus que l'on coupera à chaque extrémité des terrasses.

La troisième manière, c'est de ne point faire de terrasses en ligne droite, ni de longs plain-pieds entre deux ; mais seulement de trouver des palliers ou repos à différentes hauteurs, et des rampes douces ou des escaliers, pour la communication avec des estrades, des gradins, des talus de gazon, enfin à former des amphithéâtres. De toutes ces choses on choisira celle qui conviendra le mieux à la situation du lieu.

On lèvera et l'on dessinera les différens profils du coteau, afin de profiter des avantages qu'offrirait la situation. On disposera les terrasses avec économie, en évitant le remuement des terres. Tout ce qui sortira des endroits trop élevés devra servir naturellement à rehausser les endroits trop bas; ce qui se doit faire avec un tel ménagement, que, les terrasses étant achevées, on ne soit point obligé de rapporter ni d'enlever des terres.

Il faut faire des terrasses le moins que l'on peut, et multiplier les moyens des plain-pieds qu'on pratiquera les plus longs que le terrain le permettra.

On appelle plain-pied l'espace de terre compris entre deux terrasses, c'est-à-dire, soutenu par les murs ou talus.

Une ligne d'arrêt, en fait de terrasse, est l'endroit où se vient terminer le talus et la terrasse.

Il faut observer de laisser toujours une petite pente sur le terrain pour l'écoulement des eaux, comme d'un pouce ou 6 lignes par toise. Selon la longueur de la terrasse, cette pente se prend toujours sur la longueur, et non sur la largeur.

Il vaut beaucoup mieux couper les talus en pleine terre, c'est-à-dire, en terre ferme, que de les construire en terre rapportée; ils se conservent beaucoup mieux et coûtent moins : cependant, quand on ne peut faire autrement, on se sert de clayonnage et de fascines que l'on construit en mettant de la terre d'un pied de haut, en commençant par le bas; il faut mettre dessus un lit de fascines (1) ou de clayonnage de six pieds de large, rangé l'un à côté de l'autre, et faire en sorte que le gros bout ou la racine regarde la face du talus, et vienne aboutir, à un pied près, au revêtissement; on mettra ensuite un lit de terre par-dessus, et l'on continuera de même jusqu'en haut. On couvrira de gazon le talus qui aura été recouvert de 7 à 8 pouces de bonne terre pour la proportion du talus (*Voy.* le N° 411.)

Au moyen de toutes ces connaissances, on fera les profils, que l'on cotera tant en élévation que dans la projection horizontale. Pour construire les profils, *voy.* N° 410.

N° 406. *Drèsser un terrain au moyen des piquets.* On plante une suite de jalons, ou de bâtons que l'on coupera de longueur; on buttera le pied de manière à rapporter la terre jusqu'à la hauteur des piquets, ou de la marque faite sur le bâton; si le bâton est long et nivelé à son bout supérieur, on se servira du jalon d'emprunt, après avoir enlevé ou rapporté des terres au pied de chaque bâton, de manière à avoir

(1) Les meilleures fascines et claies sont en bois vert et de branches de saule, par lesquelles elles prennent facilement racine, et se lient mieux avec la terre.

plusieurs points de repaire de niveau; ensuite on dressera le terrain en plaçant un cordeau que l'on tendra bien et qui ira d'un piquet à un autre; on dressera également le terrain au moyen d'une grande règle.

N° 407. Pour dresser la tête des piquets ou bâtons que l'on a placés dans une même direction, on peut se servir du niveau comme au N° 103.

N° 408. *Dresser un terrain au moyen de piquets*. On aura soin de mettre toutes les têtes de niveau, ou suivant une pente donnée; alors on posera la grande règle sur chaque tête de piquet, et on enlèvera ou on rapportera autant de terre qu'il sera nécessaire pour dresser la surface; les piquets restent enterrés. Lorsque le terrain est plus élevé que les piquets, on fait des rigoles de niveau, et dans la direction des piquets; ensuite on dresse avec le cordeau ou la règle, de station en station.

N° 109. *Dresser et couper les talus suivant leur ligne de pente* B b, A a. Pour bien couper les talus, il faut que les plain-pieds A *a*, B *b*, C *b*, *c a*, soient bien dressés, et, sur les lignes *a b*, et A B, qui déterminent la ligne d'arrête du talus et la base, ou pied du talus, mettre un même nombre de piquets de 3 à 4 mètres (environ deux toises) de distance l'un de l'autre, puis tendre un cordeau de haut en bas ; et, suivant sa tension d'un piquet à l'autre, faire une rigole d'environ 1 pied, et dégauchir la surface comprise entre les deux rigoles. On passera la boucle d'un cordeau dans un piquet quelconque, tel qu'en P, et on traînera ou promènera ce cordeau, étant bien tendu de tous sens, d'une rigole à l'autre, tandis qu'un homme coupera et arrasera à la bèche les endroits où il y aura trop de terre, en faisant suivre le cordeau sans le forcer; ainsi, donnant communication d'une rigole à une autre, on unira et aplanira tout le talus avec le râteau.

N° 410. *Construction des talus en remblai.* (*Voy.* N° 405.) On se sert d'un profil composé de tringles, disposées de manière à former l'arrête et le talus entre deux plain-pieds. L'une des tringles est placée horizontalement, et une autre suivant l'inclinaison nécessaire. On construit de ces profils suffisamment pour pouvoir tendre le cordeau de l'un à l'autre, et dégauchir les surfaces suivant les arrêtes des profils.

N° 411. *Des pentes et talus.* Si l'on voulait faire un remblai sur le terrain AB, de la hauteur BE et de la largeur BC, ou un déblai de ACD, il est clair que, si les terres pouvaient se soutenir d'à plomb comme un mur, on couperait CD perpendiculairement à AC ; mais il n'en est pas de même, parce que les terres mises en tas, ou coupées verticalement, tendent à prendre une inclinaison qui dépend de leur nature.

On sait, par expérience, que plus les terres sont faibles, plus la base du talus est grande, relativement à sa hauteur. Quand bien même les terres nouvellement coupées pourraient se soutenir à pic, comme CD ou BE, elles ne resteraient pas long-temps dans cet état, les pluies et les gelées les feraient bientôt ébouler; pour empêcher que cet inconvénient ait lieu, on donne ordinairement aux talus D*a* une base *a*C, moitié de DC. Les terres naturelles, nouvellement coupées, se soutiennent mieux que des terres nouvellement rapportées; on donne ordinairement aux terres en déblai un talus moindre qu'à celles en remblai. Les terres ordinaires, dans les remblais, ont une base *dc* égale à la hauteur CD; et celles sablonneuses AC, du double de leur hauteur.

Pour connaître la nature des terres et leur résistance, on en fait rapporter une certaine quantité sur une longueur et hauteur, telle que CDEB; le talus qui se formera AD ou *a*D, indiquera la marche à suivre. A l'aide d'une règle et du niveau à fil à plomb N, on en vérifiera l'angle. Si *d*C égale ND, et que DC égale *d*N, l'angle du talus D*d*C fera, avec l'horizon, un angle de 45°; on dit alors que les terres prennent 1 de base sur 1 de hauteur, ou 1 sur 1.

On trouvera, par un procédé analogue, le talus ou glacis que prennent les différentes terres en remblai.

On observe que les terres en déblais, provenant d'excavation, foisonnent d'un sixième de leur volume.

N° 412. *Construction des ouvrages en déblai et remblai.* Si l'on avait à construire le profil ABCD ou le relief F avec le déblai du fossé *f*, il faudrait observer que les dimensions en largeur et profondeur du profil du fossé *f* donnent une surface égale à celle du profil F, ou, ce qui revient au même, que les déblais soient égaux aux remblais, comme l'indiquent les lettres ABCD et les chiffres 1, 2, 3, 4 et 5, placés sur le profil de chaque prisme, correspondant du relief aux chiffres marqués sur le fossé qui doit être déblayé.

Ce principe a beaucoup d'applications. On doit avoir égard aux observations N° 411.

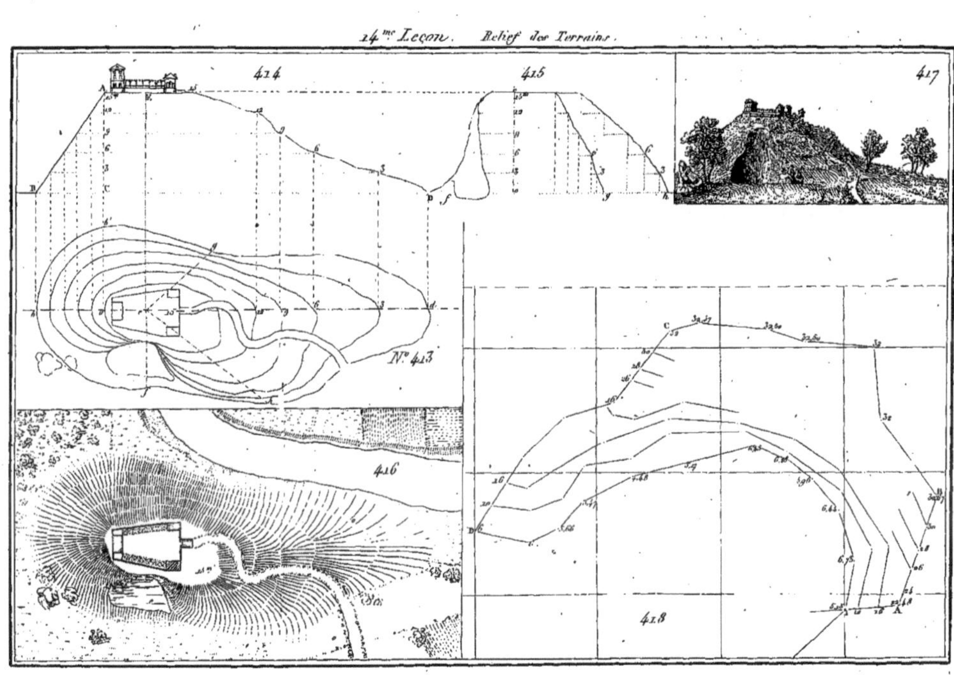
414
415
417
N.o 413
416
418

Leçon quatorzième.

DU RELIEF DES TERRAINS, EXPRIMÉ PAR LA LONGUEUR DES HACHURES OU LA PROJECTION DES LIGNES DE PLUS GRANDES PENTES.

Des courbes de niveau. Elles servent à faire juger, par une projection horizontale seulement, si une pente est plus ou moins rapide ; elles doivent être accompagnées de quelques cotes de hauteur, pour faire connaître le rapport des hauteurs exprimées par les tranches. Si l'on conçoit une série de plans horizontaux équidistant, leurs intersections avec la surface du terrain produisent une multitude de courbes qui, étant projetées verticalement sur un plan, feront parfaitement voir les inflexions et irrégularités du terrain, par les irrégularités du parallélisme, qui existent dans ces courbes ; car, plus la pente est rapide, plus les courbes se rapprochent, plus elles s'éloignent, lorsque la pente devient douce, P.

N° 413, 414 et 415. *De la projection horizontale.* Elle se construit d'après des profils sur lesquels on marque les équidistances que l'on rapporte à l'échelle du plan : soit prise pour exemple une montagne, ou une légère pente de terrain dont la forme, d'un côté, est celle d'un cône régulier *bab*, et dont ABC est la projection verticale; on prendra pour origine le point le plus élevé A: de ce point soient dirigés plusieurs rayons AB AD, etc., de la projection verticale, et *ab*, *eg*, *cd*, *eh*, *ef* de la projection horizontale de la crête à la base, on prendra sur chaque rayon plusieurs ordonnées verticales et de même hauteur, ce qui déterminera les points d'ondulation de chaque profil. AB est considéré comme la ligne de plus grande pente; la projection *ab* est perpendiculaire à la courbe de niveau compris entre A *c*, dont la hauteur est fixée à 12 mètres; B *c* est la base du triangle qui, dans tous les cas, est la projection de l'hypoténuse AB. Si on rapporte sur un plan horizontal tous les points observés sur les profils, en conservant entre eux l'angle que l'on aura observé, on joindra tous les points de niveau qui doivent avoir la même cote de hauteur, par une ligne tracée librement, en lui donnant les inflexions qu'exige la forme du terrain; elle sera la courbe de niveau, tel que *bg*, *dh*, de la figure 413: plus les profils sont multipliés, plus les courbes seront exactes.

On déterminera les courbes de niveau d'un polygone quelconque, très-exactement, en nivelant le terrain suivant des lignes droites parallèles entre elles et équidistantes, ce qui déterminera la longueur de chaque hachure, comptée du point où la ligne inclinée de la montagne coupe les équidistances, jusqu'à la rencontre de ces lignes avec les verticales (N° 414) tracées successivement par les points de passage de chaque tranche horizontale (N° 413), qui fait parfaitement voir les versans de la montagne, par les courbes que l'on a représentées autant de fois que la projection de la pente a pu en contenir; et l'on a eu l'écartement des tranches horizontales ou leurs points de passage sur tout le versant de la montagne, et des courbes horizontales proportionnellement distantes, qui représentent la portion du terrain compris entre la position où l'on a observé la position des pentes. Ces courbes servent à déterminer les normales. (*Voy.* N° 416.)

Il arrive souvent que l'on fait ces courbes par sentiment, en leur donnant les inflexions qu'exige la forme du terrain.

N° 414. *Longueur des hachures et hauteur des équidistantes.* Cette figure représente la coupe ou la projection verticale, sur laquelle on a tracé les équidistances qui déterminent la longueur de chaque hachure comprise, où la ligne inclinée de la montagne coupe les équidistances. Ici la hauteur de la verticale est de 15^m; on l'a divisée en cinq parties égales, ce qui donne 3^m de hauteur à chaque hachure. Si l'on fait passer par tous ces points de division des droites horizontales, on aura à gauche des longueurs de hachure semblables, parce que la pente AB est celle d'un cône régulier, tandis que celle que l'on obtiendra à droite par la pente AED est très-irrégulière, ce qui donne des hachures de diverses longueurs, comme on peut le voir sur la figure 416, les hauteurs restant constamment les mêmes.

L'échelle, qui servira à déterminer les hauteurs verticales, servira à déterminer la longueur des hachures.

N° 415. *Profils de la montagne*, *suivant* ef, eg, eh. Au moyen de l'un des N° 413 et 416, on doit lire les profils figurés aux N° 414 et 415. Sans avoir besoin de ces profils, le principe des équidistances fait reconnaître dans le plan seulement, N° 413, un escarpement à pic, suivant la ligne *ef*, et qui ne peut être indiqué que par une ligne; la hauteur de cet escarpement se mesure en menant toutes les tranches horizontales, qui viennent toutes se réunir à la ligne de projection du terrain escarpé.

On peut, au moyen de cette carte, trouver l'angle d'inclinaison d'une pente, en prenant toutes les longueurs des hachures qui couvrent le versant de la montagne. Suivant une seule direction, la hauteur des équidistances étant connue, on pourra construire les profils, à peu de chose près, conformes à ceux formés aux N° 414 et 415.

N° 416. *Du dessin des hachures et des courbes horizontales.* On exprime sur un plan spécial toutes les courbes de niveau, par un trait de plume très-léger, tel qu'on le voit au N° 413, pour conserver les données dont on a besoin dans la confection des divers projets, particulièrement pour le défilement de la fortification, pour les travaux de déblais et remblais.

Pour terminer le dessin d'une carte ou calque au crayon seulement, toutes les courbes de niveau sur le N° 413, puis on remplit par des hachures comme l'indique la figure 416, dont chacune d'elle exprime les lignes de plus grande pente, et en font apprécier les différentes inclinaisons. Toutes les hachures doivent bien engrainer l'une dans l'autre, sans se pénétrer, ni laisser d'intervalle sensible entre les courbes; elles ne doivent point être immédiatement l'une à la suite de l'autre; on évite de les dessiner sur les routes, quoiqu'elles soient inclinées. Les hachures doivent être perpendiculaires aux courbes; on les serre davantage quand elles appartiennent à des pentes plus rapides, et on les fait un peu plus fortes du côté de l'ombre. Si la montagne est arrondie à sa crête, ou adoucie par sa base, on termine les hachures le plus légèrement possible. Il arrive souvent qu'on a à exprimer des pentes tout-à-fait à pic, ce qui force de supprimer les hachures ; alors on compare celles qui n'ont pas été altérées par les plis ou les accidens du terrain, pour se rendre compte de ce que l'on ne voit pas.

Il arrive que l'on est obligé de dessiner les cultures sur les hachures, et de laver, soit les bois ou les prairies, les vignes ou les terres labourées, etc. Tous ces travaux se font sans avoir égard aux hachures.

On ajoute quelques cotes, et on a soin d'indiquer sur le plan la hauteur verticale des hachures ; on écrit ces cotes de hauteur à l'endroit où l'on a fait l'observation. Elles offrent des résultats plus évidens et plus certains, pour une carte, que les tranches continues qu'il est difficile de déterminer (*voy.* N° 400), et qui occasionent une grande perte de temps pour obtenir leurs points de passage dans les pays couverts. Ces cotes de hauteur donnent, sans aucune recherche, les différences de niveau des positions qu'il est essentiel de connaître ; elles sont en outre le complément des observations que l'on a faites pour obtenir, avec l'horizon, les angles d'inclinaison des montagnes, dont l'avantage est principalement de mettre en rapport, dans les dessins, les différentes pentes.

N° 417. *On joint souvent au plan gra-*

phique un croquis de la vue de la montagne, afin de faire voir en élévations les principaux objets qui s'élèvent au-dessus du sol, et qui ne peuvent être vus sur le plan. Il est bon d'avoir de ces vues quand on fait des projets; on a l'ensemble du paysage, la culture, les diverses plantations et accidens de terrain, que la projection horizontale ne pourrait faire voir. La vue (N° 417) offre le développement *bfhd;* on n'a pas supposé de lointains, il convient de les indiquer s'il s'en trouve pour avoir un aperçu du pays.

Des cartes nivelées. La première chose à faire, c'est de parcourir le terrain, de l'étudier, en se transportant sur tous les points, à l'effet d'en reconnaître plusieurs qui doivent servir à fixer les polygones, en plaçant des piquets que l'on numérote, afin de reconnaître les points. On a soin de faire repairer, autant que possible, sur des objets existans; ensuite on fait une triangulation qui embrasse les points les plus apparens et les plus remarquables du terrain. Tous ces points doivent servir de repaire et de vérification à toutes les autres opérations, telles que de diviser le terrain en grand polygone, dont la grandeur doit être déterminée par des chemins ou des cours d'eau, ou d'autres lignes remarquables.

On subdivise ce grand polygone en d'autres

plus petits, qui servent à représenter autant de lignes remarquables du terrain, ou des profils destinés aux nivellemens : on les fait assez grands pour embrasser une assez grande étendue de courbes horizontales, de détails situés dans l'intérieur des polygones. On lève ordinairement les cartes nivelées à l'échelle d'un millième.

N° 418. Sur le terrain on lève les courbes de niveau d'un polygone quelconque, et très-exactement, en nivelant le terrain suivant des lignes droites parallèles entre elles et équidistantes. Lorsqu'on est pressé, et qu'on ne peut avoir beaucoup de profils, on multipliera autant que possible, les cotés de hauteur ; puis on tâchera de régler, de distance en distance, une suite de courbes que l'on trace par sentiment, en leur donnant les inflexions qu'exige la forme du terrain pour toutes les parties qui n'auraient pu être nivelées.

Supposons le plan du polygone ABCDI, dont on veut lever le plan et connaître les différens points d'élévation ; on tiendra note des opérations que l'on fait avec la boussole, le niveau et la chaîne ; comme l'indique le tableau ci-joint, afin de les rapporter sur le papier au moyen de l'échelle et du rapporteur.

POLYGONE, N° I.

Points de départ.	Angles.	Distances.	Hauteurs absolues.	Points d'arrivée.
hauteur. De A....	. . . .	. . . . .	22 48	
De A à B.	340	179 90	30 67	B
De B à B.	32	156 00	32 00	
	5 1/3	110 40	32 00	
	84	134 40	32 50	
	60 1/3	56 60	31 52	
	87 1/2	96 00	32 57	
	103	52 00	32 00	C
De C à D.	136 1/2	160 70	18 00	
	110	82 60	16 50	

TRAVERSE.

Points de départ.	Angles.	Distances.	Hauteurs absolues.	Points d'arrivée.
hauteur. De D....	. . . .	. . . . .	6 00	
De D en I.	257 1/4	79 00	6 00	
	289 1/2	64 00	5 66	
	314 1/4	54 00	5 47	
	300	99 00	4 48	
	281 1/2	122 00	6 45	
	257	47 00	6 28	
	236 1/2	58 00	5 96	
	216 1/2	65 10	6 44	
	193	88 00	6 73	
	172 1/2	76 50	5 15	I

LIGNES HORIZONTALES.

Points de départ.	Angles.	Distances.	Points d'arrivée.
profil. A-I Cote 3.	300 00	82 00	
	18 2/3	25 50	
	14 1/2	69 50	
	40 1/2	76 20	
	66 00	60 20	
	86 00	59 00	
	92 3/4	68 80	
	101 1/3	89 80	
	111 3/4	81 10	
	125 3/4	96 00	
	109 3/4	76 00	Profil.
	68 1/2	35 00	C D

PROFILS.

Points de départ.	Angles.	Distances.	Hauteurs absolues.	Points d'arrivée.
hauteur. De A. .	. . . .	. . . . .	22 48	
De A à B	340 00	12 00	24 00	
	340 00	35 50	26 00	
	340 00	45 00	28 00	
	340 00	33 00	30 00	
	340 00	54 40	30 67	B
De C. .	. . . .	. . . . .	32 00	
De C en D	136 1/2	26 00	30 00	
	136 1/2	27 00	28 00	
	136 1/2	39 50	26 00	

Au moyen d'une boussole à niveau, on lève promptement les courbes horizontales : on commence par prendre un point sur le profil et sur le polygone, tel que A ; on cheminera en B, en mesurant la distance AB, et l'angle que forme cette ligne avec la méridienne ; puis on continuera au point B pour mesurer la distance que forme l'angle déterminé par l'inclinaison de la courbe. A chacune de ces lignes on ajoutera l'élévation des détails qui se trouvent à droite et à gauche, pour ne pas revenir sur ses pas.

On diminuera autant que possible le nombre de côtés du polygone ou de sinuosités : lorsque l'on n'a pas besoin d'une grande précision, on fait les détails à vue : par là on gagne en vitesse ce qu'on perd en exactitude ; tout cela dépend de l'importance que l'on attache à avoir exactement le levé du terrain. Dans les pays de montagnes, on est forcé de multiplier les courbes horizontales, ce qui nécessite un grand nombre de points très-rapprochés.

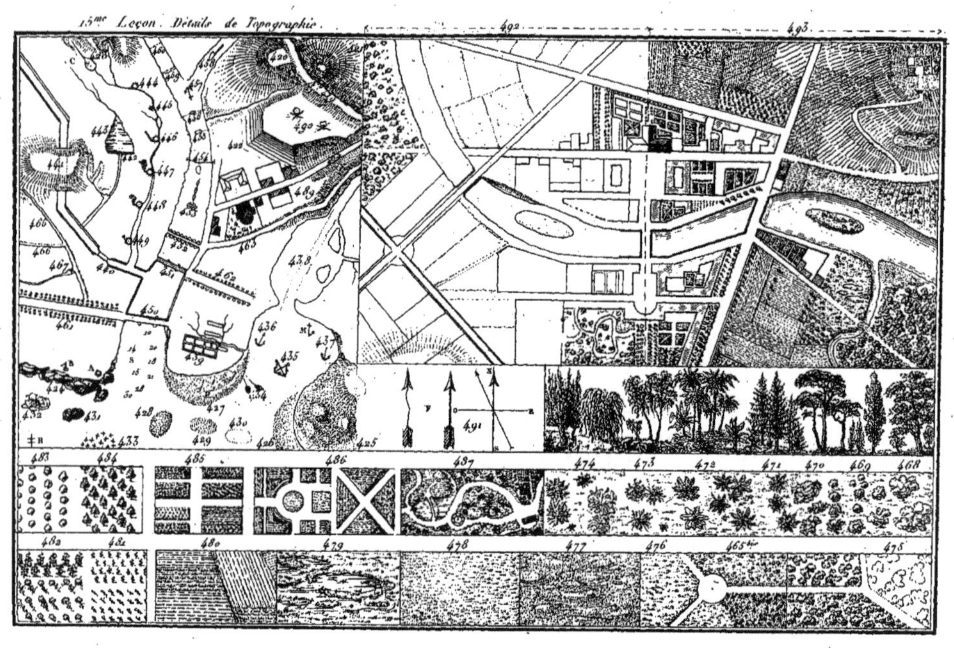
15me Leçon. Détails de Topographie.
492
493
483
484
485
486
487
474
473
472
471
470
469
468
482
481
480
479
478
477
476
465bis
475
491

Leçon quinzième.

DÉTAILS DE TOPOGRAPHIE ; DU DESSIN ET DE L'EXPLICATION DES SIGNES QUI ENTRENT DANS LA COMPOSITION D'UNE CARTE OU D'UN PLAN PARTICULIER.

Les signes, les marques et les détails topographiques en usage pour l'expression des plans et cartes, doivent faire une étude particulière, même pour les mots et les expressions consacrés par l'usage, tant pour la description que pour l'expression des formes et des accidens du terrain, des montagnes, des cours d'eau, des routes, des plantations, des bâtimens, etc., etc., qu'il convient de dessiner. Tous ces objets doivent se faire à l'échelle du plan ; les figures et la description vont suivre.

Il y aura des descriptions sans dessin ; elle seront prises ainsi que les figures, dans les meilleurs ouvrages approuvés ou les plus usités.

On commence toujours par dessiner au crayon, et ensuite on passe à l'encre noire ou rouge suivant la nécessité, et ce qui sera indiqué à chaque signe. Pour exprimer tous ces signes dont la majeure partie est purement mécanique et de convention, il faut un peu d'habitude, de jugement sur le terrain; car sans cela, on ne peut bien exprimer les formes et les objets que l'on ne connaît pas.

Description de tout ce qui a rapport au terrain; comme montagnes, cours d'eau, reconnaissances de fleuves et rivières; canaux, routes, bois et établissemens.

Montagnes, élévations considérables, et qui servent de chaîne à un pays; elles sont souvent couvertes de forêts, de roches et de vallons. Ces grandes élévations ne sont exprimées que sur des cartes de royaume ou d'empire : ainsi je n'en parlerai pas, cet ouvrage étant purement pratique et élémentaire.

Chaîne principale, celle des revers ou des points culminans, de laquelle dérivent les grands cours d'eau, considérés relativement à un vaste réservoir, tel que l'Océan et la Méditerranée.

N° 419. *Chaînon*, série irrégulière, mais suivie de hauteurs, formant embranchement, et qui se détachent de la chaîne principale. On les confond souvent avec les contreforts.

N° 420. *Contre-fort*, saillie perpendiculaire à la montagne; il forme les vallées transversales.

Renflement, contre-fort très-court.

N° 421. *Pic*, montagne de forme conique et

très-élevée, et qui domine d'une manière très-saillante, soit la plaine qui lui sert de base ou d'autres montagnes qui lui servent de gradins.

Aiguille, quand le pic est très-allongé et qu'il prend la forme prismatique légèrement conoïde, on lui donne le nom d'aiguille.

Rameaux, subdivisions latérales ou terminales des chaînons, et des contre-forts qui ont quelque étendue, et qui forment les vallons.

Colline, les rameaux se subdivisent en collines, entre lesquelles se trouvent les berceaux des ruisseaux.

Coteau, versant cultivé d'une colline ou d'une montagne.

Mamelons, ce sont les derniers reliefs arrondis et isolés de la surface du terrain, et qui se raccordent avec les glacis ou plan légèrement incliné.

Arrête, intersection obtuse ou aiguë des plans que forment les deux versans d'une chaîne, ou qui terminent le faîte d'une montagne.

Crète, arrète ou le faîte d'un contre-fort. La rencontre d'un talus avec un plateau.

Cîme, sommité des hautes montagnes.

Sommet, *cîme*, l'un et l'autre désignent toujours le point le plus élevé d'une hauteur qui a la forme d'un coin.

Col, l'intervalle entre deux chaînes ou deux

contre-forts; point de partage des eaux entre deux vallées. C'est là que les sources prennent naissance.

Ressaut, relèvement brusque d'une arrête ou d'une crête, indépendamment de ceux qui, par leur grandeur ou leur position culminante, prennent le nom de nœud, mont, plateau ou pic.

Défilé, passage toujours resserré entre deux escarpemens, par lesquels il est encaissé ou supporté.

Pate ou croupe, point où la crête d'un rameau ou d'un contre-fort se subdivise, et se ramifie pour s'abaisser en collines ou hauteurs intérieures.

Éperon, saillie qui se termine brusquement sur la côte, les rameaux ou les contre-forts.

Comble, plaine élevée, légèrement concave, ordinairement aride et sans cours d'eau.

Fondrière, petite excavation où les eaux sauvages séjournent, ou ne trouvent qu'une difficile issue.

Ravin, déchirure de la montagne sur le plan de pente primitive, où coulent les eaux sauvages ou passagères; c'est un lieu graveleux, habituellement à sec.

Ravine; on désigne ainsi le ravin, lorsqu'il est habituellement inondé.

Torrent, la ravine est assez ordinairement

l'origine du torrent, qui est un cours d'eau rapide et sauvage, qui se précipite en grondant sur un lit rocailleux, suivant le plan de pente primitif, et porte à un récipient plus tranquille un tribut, tantôt faible, tantôt énorme, tantôt clair, tantôt trouble.

Gorge, partie de vallée très-étroite, c'est l'intervalle resserré entre deux contre-forts, qui se trouvent, le plus ordinairement, voisins de leur point d'attache à la chaîne, et qui y sert de couloir plus ou moins accidenté à un torrent.

Val, gorge qui a une certaine étendue, sans prendre trop d'évasement, quoique sa pente diminue.

Vallée, les grandes rivières coulent dans les vallées principales; leurs principaux affluens coulent dans les vallées secondaires.

Quand le val se prolonge et s'élargit, il donne naissance à la vallée.

Vallons, vallées de moindre étendue qui naissent sur les flancs des contre-forts; ont pour berges correspondantes deux rameaux, et forment le berceau d'un affluent de second ordre.

On appelle aussi *vallon*, le berceau d'un ruisseau qui se trouve entre deux collines.

Berges, flancs en regard des hauteurs, dans l'intervalle desquelles se trouve le fond de la vallée.

Rives, les berges prennent le nom de rives,

lorsqu'elles expriment les deux escarpemens que laisse un fleuve.

Bord, nom qu'on donne aux rives, lorsqu'il s'agit d'une rivière.

N° 422. *Glacis,* plan légèrement incliné de chaque côté d'un cours d'eau. Légère pente gazonnée qui raccorde les différens niveaux de deux terrains inégaux; on les lave, la teinte forte en haut, du côté de l'ombre, on l'affaiblit insensiblement vers le pied : qu'on fait l'effet contraire à ceux qui sont dans le clair, on observe de ne pas teinter toutes les faces de la même force. Lorsque le dessin est à la plume, on ombre avec des hachures ou avec des lignes parallèles au sommet du glacis. On dégrade la teinte comme avec le pinceau.

N° 423. *Fil d'eau.* Il coule au fond d'une vallée ou d'un vallon formé à l'intersection mixtiligne déterminée par deux pentes.

Pente générale, versans d'un plateau, d'un mont, qui forment les grandes arrêtes saillantes ou rentrantes d'une portion circonscrite d'un continent ou de la totalité d'une île : tels sont le Gothard pour l'Allemagne, la Turquie d'Europe, l'Italie, la France et les Pays-Bas.

Contre-pente, grand versant, lorsque deux chaînes ou montagnes se rencontrent, et qui détourne les eaux échappées de la chaîne, pour leur donner une nouvelle direction.

CHOROGRAPHIE ET HYDROGRAPHIE, OU DE LA DESCRIPTION ET DE LA REPRÉSENTATION D'UN PAYS.

N° 424. *Roches;* sur les bords de la mer elles forment les côtes et arrêtent les flots de la mer ; elles s'élèvent plus ou moins à pic. On les dessine en projection horizontale, en leur donnant la forme et les contours qu'elles doivent avoir ; on les lave avec l'encre de Chine, que l'on rehausse avec diverses couleurs.

A. *Fars, fanal,* tour portant à son sommet un fanal ou une grosse lumière pour éclairer les vaisseaux et les préserver des dangers des rochers ; ils sont presque toujours élevés sur les rochers isolés dans la mer. On se permet de faire une petite tour en élévation, et d'ajouter une fumée au-dessus ; en projection horizontale, un petit pentagone avec un gros trait d'encre rouge.

B. *Tour-signal.* Elle porte un petit drapeau à son sommet. En projection horizontale, on fait un petit cercle, et on y ajoute également un petit drapeau.

N° 425. *Dune*, coteau de sable élevé sur les bords de la mer. Petite élévation que laisse la mer en se retirant, et formée par les flots : on l'exprime, comme les montagnes, avec de l'encre de Chine et des points de sable pour le lavis. (*voy*. le N° 555.)

N° 426. *Laisse de la haute mer*. On l'exprime par des points avec de la teinte de sable et une légère teinte de ce dernier; on ponctue plus fortement sur les bords de la mer. (*Voy*. le N° 555.)

N° 427. *Laisse de basse mer*. Nappe d'eau entre le sable ou la vase; on la lave comme une marre d'eau. On évite de dessiner le contour à l'encre dans le sable; on fait la limite avec des points ronds, et dans la vase la teinte forme le contour. (*Voy*. la lettre B, N° 559.)

P. *Pêcherie*. On l'exprime par des points ronds disposés en lignes droites, formant des angles d'environ 60°.

N° 428. *Banc de sable toujours découvert*. Au milieu de la teinte d'eau, on réserve l'espace qui doit être couvert de sable; puis on donne la teinte qui convient à ce dernier. (*Voy*. la lettre A, N° 555.)

N° 429. *Banc de sable qui couvre et découvre*. On le ponctue avec de la teinte de sable par-dessus la teinte d'eau : on fonce un peu plus les bords que le milieu.

N° 430. *Banc de sable qui ne découvre jamais*. On ponctue le pourtour de l'espace qu'il faut exprimer, et la teinte d'eau passe par-dessus.

N° 431. *Roche toujours découverte.* Au milieu de la teinte d'eau, on réserve la base d'une roche que l'on dessine et colore de même. (*Voy.* N° 562.)

N° 432. *Roche qui couvre et découvre.* Comme ci-dessus, seulement on la fait avec des lignes ponctuées, et la teinte d'eau passe par-dessus. (*Voy.* N° 587.)

R. *Roche qui ne découvre jamais.* On l'exprime par un petit signe conventionnel qui a la forme d'une double croix.

N° 433. *Récifs et brisans.* On exprime les chaînes de rochers qui sont à fleur d'eau, par de petites croix dessinées à la place des rochers, et sur la teinte d'eau.

N° 434. *Bouée* ou *tonne.* Lorsqu'on jette une ancre ou quelque autre objet à la mer, et que l'on veut retrouver ou reconnaître un endroit dangereux, tels que des pieux ou des débris ; on suspend au bout d'une corde un baril vide, ou un morceau de liége, ou même de bois, qui flotte au-dessus. Alors on dessine la forme de l'objet employé.

Amers, ligne ponctuée, qui indique la direction d'une aiguille.

N° 435. *Port.* On l'indique par deux ancres en sautoir; elles sont conformes au numéro suivant.

N° 436. *Mouillage des vaisseaux de ligne.*

On l'indique par une ancre, composée de la verge, du jas, et des deux bras portant leurs pates.

N° 437. *Mouillage de petits bâtimens.* On l'indique par une ancre sans jas.

M. *Corps mort.* On l'indique par une ancre composée de sa verge, et d'un bras avec sa pate.

S. *Sondes.* On exprime par des chiffres la différente profondeur du fond de la mer ou d'une rivière à la surface de l'eau. Ses sondes sont souvent des brasses, des mètres ou des pieds; alors la légende du plan doit l'indiquer.

N° 438. *Lac avec courant.* On en dessine le contour avec toutes les sinuosités, et on le lave comme les étangs; et dans la direction du courant, et à peu près de sa largeur, on indique par deux lignes ponctuées la différence de l'eau stagnante et de l'eau courante.

N° 439. *Marais salans.* On les exprime par de petits rectangles, entre lesquels on réserve un petit chemin pour déposer le sel. Les eaux se lavent par une légère teinte de bleu que l'on fond jusqu'au milieu. (*Voy.* N° 556.)

DES RIVIÈRES, CANAUX, PONTS ET SIGNES QUI EN DÉPENDENT.

Rivière. Son lit se trace avec deux lignes un peu tremblées; celle qui reçoit le jour est légère, et l'autre plus forte. Lorsque la carte est à une petite échelle, on fait la rivière avec l'encre bleue. (*Voy.* la suite du N° 554 à 559.)

N° 440. *Canal avec écluses.* Les canaux sont ou naturels ou artificiels. Les premiers sont formés par le lit de la rivière tel que A ; les lignes sont noires comme les rivières.

Les écluses et les canaux, en maçonnerie, se tracent avec des lignes rouges, et le lit se lave comme la rivière. Les écluses se forment par un rectangle qu'on nomme *sas* terminé par deux angles dont le sommet est tourné du *côté d'amont*, qui est toujours vers le point culminant du canal ; le côté opposé se nomme *côte d'aval.*

N° 441. *Canal ou lit souterrain*, on les indique par deux lignes ponctuées.

N° 442. *Digue*, massif de maçonnerie ou de charpente pour retenir les eaux ; celle en maçonnerie se lave en rouge, et celle en bois, en bistre et à l'encre de Chine lorsqu'elle est en terre. (*Voy.* N° 524.)

N° 443. *Étang*, pièce d'eau naturelle ou artificielle, et dont le pourtour est revêtu ou non revêtu en maçonnerie. Dans des lieux bas, on retient l'eau par une chaussée ; on marque le talus du côté où il est, et on l'exprime par une ligne rouge, en dessinant l'endroit de la vanne par deux lignes ponctuées, qu'on lave comme le bassin du jardin (N° 569), ou comme les marais (N° 557), si l'eau est stagnante.

Ruisseaux, on les fait comme les rivières, si la largeur le permet : si l'échelle est trop petite, on se contente d'un trait bleu un peu plus gros du côté de l'embouchure, et qui se termine à rien, du côté de sa source ; quand l'échelle le permet, on renferme son lit par deux lignes légèrement ondulées. Celle qui reçoit le jour sera fine. Pour les ruisseaux et sources. (*Voy.* les N° 423 à 449.)

C. *Sources*, endroit où commence la source d'une rivière ; dans ce cas, le trait qui indique le filet d'eau va finir à rien. Si c'est une source d'eau vive, et que la fontaine soit entourée d'un mur, on l'exprimera par un petit carré tracé à l'encre rouge. (*Voy.* le N° 423.)

USINES SUR LES RIVIÈRES.

N° 444. *Moulin à pot.* Lorsque le plan est sur une grande échelle, on exprime le plan des bâtimens auxquels on ajoute une roue ; si la carte est à une petite échelle, on n'exprime que la roue sur le bord de la rivière ; sa roue porte à son pourtour de petits crans en ligne droite, et formant rayons.

N° 445. *Moulin à aubes.* Comme ci-dessus ; la roue porte ses crans sans avoir de cercle concentrique, de manière que ses rayons se confondent au centre.

446. *Sciérie.* Comme aux roues à pots; on ajoute en saillie un fer de scie.

N° 447. *Fourneaux.* Comme aux roues à pots; on y ajoute un petit cercle que l'on remplit d'encre, et duquel sort de la fumée.

N° 448. *Fonderie*, une roue à pots; on y ajoute sur le côté un petit rectangle que l'on remplit de noir, et duquel sort de la fumée.

N° 449. *Forge*, une roue comme ci-dessus, à laquelle on ajoute un marteau.

PASSAGE DES RIVIÈRES.

N° 250. *Pont de pierre*, construction en maçonnerie. On les exprime par des lignes rouges parallèles par les avant-becs et arrière-becs; quand la grandeur de l'échelle le permet, on y joint les murs des quais, les rampes et les escaliers.

N° 451. *Pont de bois.* On les dessine par deux lignes parallèles à l'encre de Chine; lorsque le plan est à une grande échelle, on mène beaucoup de lignes fines parallèles, pour indiquer les madriers, puis on donne une légère teinte de bistre.

N° 452. *Pont de bateaux.* On l'exprime par deux lignes noires et parallèles; on laisse voir en saillie les deux extrémités des bateaux. Il ne faut rien laver, si ce n'est à une très-grande échelle, où l'on se permettrait des détails.

N° 453. *Pont volant*. Plusieurs bateaux enfilés à une corde, retenus sur une seule rive, et pouvant être ramenés, au besoin, sur la rive opposée ; le bateau peut aussi être stable au milieu de la rivière.

N° 454. *Bac à traille*, grand bateau qui sert à passer les grandes rivières. Une ligne ponctuée qui correspond à deux pieux ou poteaux fixés sur les bords des rives, le bateau étant isolé de la corde ou de la ligne ponctuée.

N° 455. *Bac*. Grand bateau plat pour passer les voitures et les animaux ; on dessine le plan du bac à côté d'un trait noir. Une simple ligne noire et en travers de la rivière suffit.

N° 456. *Passage d'eau*. Passage provisoire. Une ligne ponctuée, et un bateau plus petit que ceux ci-dessus désignés.

N° 457. *Lieu où les rivières deviennent navigables*. On l'exprime par une ancre tracée à l'encre noire au milieu de la rivière.

N° 458. *Lieu où les rivières deviennent flottables*. On y désigne un petit aviron au milieu de la rivière.

N° 459. *Gué à cheval*. Endroit de la rivière où l'eau se maintient basse, et qui peut être passé à cheval sans nager ; on l'exprime par deux lignes ponctuées.

N° 460. *Gué à pied.* Endroit pierreux où il y a peu d'eau, et que l'on peut passer à pied ; on l'exprime par une ligne ponctuée.

ROUTES ET CHEMINS.

Les routes sont divisées en quatre classes, relativement à leur largeur. Il y a différentes sortes de routes dans une même classe ; les dimensions et les accessoires déterminent la classe. Les parties constituantes d'une route sont : la chaussée ; au milieu, en empierrement ou pavée, un accotement en terre de chaque côté ; talus ou fossés qui soutiennent l'accotement. Les routes reçoivent des embellissemens, tels que des plantations.

	1re CLASSE.	2e CLASSE.	3e CLASSE.	4e CLASSE.
Largeur totale, non compris le fossé.	20m	12	10m	8
Chaussée	6 65	6	6	5
Accotement. . .	6 66	3	2 -	1 50
Fossés.	2	2	1 66	1

N° 461. *Grande route*, voilà les dimensions des quatre classes : lorsqu'on dessine à une grande échelle, on exprime la chaussée par deux lignes fines que l'on teint en gris; on ajoute les accotemens, les fossés et les arbres. Les routes de première classe, en pays de plaine, sont plantées de deux rangs d'arbres.

N° 462. *Route de deuxième classe*, la chaussée et un rang d'arbres, la ligne plus légère du côté de la lumière.

Chemin, passage public d'un lieu à un autre. On le dessinera par deux lignes à l'encre noire. Il y a quelquefois des fossés et une bordure de haie que l'on indique. Si le chemin est route de poste, on l'indique par un petit cor de chasse. A une petite échelle, on ne lave pas les routes.

N° 463. *Chaussée*. Grand chemin pavé à travers les champs et la campagne, souvent élevé au-dessus d'un marais, et soutenu par des murs ou des talus de terre. On le dessine par deux lignes, une forte, l'autre légère; deux autres fortes pour les talus.

N° 464. *Route encaissée*. On la dessine par deux lignes légères entre deux pentes.

N. 465. *Chemins vicinaux*. Communication dans les champs. On les exprime par une ligne pleine et une ligne ponctuée; on forme sur les bords, des buissons et des broussailles légères.

N° 466. *Sentier*. Petit chemin tortueux, qui traverse les prés et les terres; il a environ cinquante centimètres de largeur. On l'exprime par une ligne fine et une ligne ponctuée, et souvent par deux lignes ponctuées imitant des herbages.

N° 467. *Tourniquet.* Poteau d'environ un mètre de hauteur, portant au bout supérieur une croix en bois; elle est placée horizontalement, et tourne sur le poteau. On la place à l'entrée des petits chemins ou sentiers pour empêcher de conduire les animaux dans les terres.

Poteaux. Ils marquent les limites des propriétés; il y en a à vire-bras. On les place au carrefour des routes; ils portent autant de bras qu'il y a de chemins à indiquer.

FORÊTS, BOIS ET AUTRES PLANTATIONS.

Forêts. Il n'y a pas plus de vingt-cinq ans que l'on a pris la méthode de faire les arbres en projection horizontale. Avant on les faisait en projection verticale : on les groupait de manière à former un paysage suivant la nature des arbres qui n'étaient presque jamais faits à l'échelle.

Je vais donner la comparaison des deux méthodes pour les diverses natures d'arbres, en recommandant de suivre la projection horizontale. Les numéros correspondans serviront aux deux projections.

Arbres de remarque. On les fait plus grands

que les autres, on les détaille davantage, et on se permet de les dessiner en élévation : ainsi il n'est pas étonnant de trouver ici les arbres en élévation, puisqu'ils peuvent rendre quelque service pris isolément ; ils donneront une idée de l'ancienne méthode qui se trouve sur les anciens plans.

N° 468. *Bois des forêts.* Ce que l'on appelle haute futaie est en chêne. On étudie les masses, des groupes de feuillées au crayon, avant de les mettre à l'encre, ce qui se fait avec une plume fine, en observant de faire le côté de la lumière plus léger, et de forcer le côté opposé pour modeler l'arbre, l'arrondir et l'enlever de dessus le fond ; ce que l'on obtient encore en donnant une légère teinte d'encre de Chine du côté de l'ombre.

N° 469. *Peuplier.* Arbre fort haut, et qui croît dans les lieux humides. Il y en a de douze espèces, que je ne détaillerai pas : les figures, soit en projection horizontale ou en projection verticale, doivent suffire pour donner exemple des formes.

N° 470. *Pin.* Ils sont très-variables dans leurs formes. Ils s'élèvent à plus de vingt mètres de hauteur ; le tronc est presque toujours sans branches, la tête est arrondie et aplatie. On le fait d'un vert foncé et son feuillé en pointe d'aiguille.

N° 471. *Sapin.* Il s'élève droit à plus de quarante mètres. La forme est celle d'un cône très-allongé. Son tronc est chargé de rameaux dès la base. Lorsqu'il est vieux, son tronc devient nu jusqu'à la moitié de sa hauteur, et se termine par des branches ouvertes à angle droit verticales et dont les rameaux sont pendans. Les feuilles sont d'un vert sombre.

N° 472. *Palmier.* Son tronc est très-élevé, et il est dépourvu de branches ; il n'a pour écorce que le reste des feuilles desséchées : ces feuilles qu'on appelle palmes forment une boule au sommet de l'arbre, qui a de vingt à trente mètres de hauteur. Le vert des feuilles est léger. Il y en a de beaucoup d'espèces.

N° 473. *Bouleau.* Arbre très-grand, à écorce blanche ; les branches ne sont qu'à son sommet ; les rameaux sont souples et effilés, allongés et pendans ; les feuilles d'un vert clair et plus pâle en dessous ; elles sont petites et à de grandes distances l'une de l'autre.

N° 474. *Saule, Saule pleureur.* Le saule croît près des rivières ; son tronc gros n'est pas haut ; il porte de grandes branches qui s'élèvent verticalement ; la feuille est d'un vert blanc.

Le saule pleureur ne s'élève pas à plus de six à huit mètres ; ses branches sont courtes et ses rameaux sont longs et pendans, les feuilles longues et également pendantes ; elles sont d'un vert tendre en-dessus, et blanchâtres en-dessous. L'aspect de l'arbre est arrondi.

N° 475 à 478, indiquent une portion de forêt en projection horizontale, et percée d'une route. Le N° 475 indique l'étude des masses au crayon. Les numéros suivans font voir le détail des masses après avoir été passées à l'encre. Le fond est parsemé de broussailles et d'herbages.

N° 475 bis. *Bois taillis*. Il ne diffère des autres que par les petites masses multipliées ; elles laissent moins voir le fond du terrain, que l'on pointille d'herbages.

N° 476. *Landes*. Terrain sec et aride où il ne vient que quelques genets et bruyères avec des ronces. On l'exprime par de petites broussailles. Le fond du terrain est pointillé d'herbages de distance en distance.

N° 477. *Bruyères*, sur un fond composé de monticules couverts de petites broussailles légères, le fond couvert de petits herbages et de touffes d'arbustes ; même forme que les landes.

N° 478. *Prés*. Le fond est comme celui des terres à une petite échelle. Pour le lavis, voir le N° 573. Dans le dessin à la plume, le fond est parsemé de petits herbages.

N° 479. *Marais*. Ils sont composés de petites îles, de prairies entourées d'eau ; les contours se tracent comme les rivières, dans les dessins à la plume, s'expriment par des ondes, des touffes d'herbes, des joncs et des roseaux. L'eau s'exprime par des lignes fines tirées horizontalement. (N° 557).

N° 480. *Terre.* Le contour doit en être levé très-exactement. Les terres labourées sont sillonnées avec de petits points, longs, quand le plan doit être ombré à la plume. Si le plan doit être lavé, on fera les sillons avec le pinceau et de la couleur de bistre pour les terres labourées et non ensemencées, c'est-à-dire qui se reposent; d'autres sont en vert; d'autres dont les épis sont prêts à sécher sont en jaune. Quant aux terres en friche, on fait les sillons à l'encre de Chine, et on donne une teinte de vert par-dessus; on se sert pour tous les cas de vert clair; d'autres sont couvertes d'une teinte de brun rougeâtre.

N° 481. *Vignes.* On les représente vues sous plusieurs aspects et sous diverses proportions, suivant la grandeur de l'échelle du plan. Elles sont plantées en quinconce. Lorsqu'on les fait en projection horizontale, on projette l'ombre du cep de vigne à côté d'une petite touffe de feuilles; souvent elle se réduit à un point. Lorsqu'on les fait en projection verticale, on imite l'échalas et les branches qui tournent autour, par une ligne verticale, entourée d'une ligne en zigzag arrondi. Pour le lavis, voir le N° 574.

N° 482. *Vigne sur une plus grande échelle*, pour en voir le travail.

N° 483. *Vergers, plantations, arbres à fruits.* On les dessine en quinconce, sur un fond de verdure, tel que les prés et les arbres qui sont pochés d'un vert foncé. On projette l'ombre des arbres lorsque l'échelle le permet.

N° 484. L'ancienne méthode représentait les arbres en élévation, également sur un fond de verdure.

N° 485. *Jardins potagers*, où l'on fait venir des légumes; on les exprime comme les autres figures avec des lignes noires, pour dessiner les plates-bandes ou les planches potagères. On ombre ces planches avec des coups de pinceaux droits, et d'autres avec des touffes d'herbes tantôt rondes, tantôt évasées; le tout sur un fond de couleur légère, soit de vert, de bistre ou de jaune.

N° 486. *Jardins d'agrément.* On les trace à la règle et au compas en formant une suite de petits rectangles, de cercles, d'ovales et de beaucoup d'autres figures très-variables, mais toujours symétriques et aux formes régulières. Les plates-bandes son tbordées de verdure un peu foncée, et l'intérieur des planches reçoit une légère teinte de diverses couleurs que l'on pointille de jaune, de rouge, de vert, de bleu, afin de fleurir les corbeilles ou les plates-bandes.

N° 487. *Jardins anglais ou chinois*, sont d'un genre irrégulier, et n'ont pour règle que le caprice de celui qui les compose. Ils sont susceptibles d'une grande variation et d'une grande richesse de décors ; ils se prêtent beaucoup à former de beaux paysages par la variété des masses d'arbres et de verdure que l'on dispose çà et là sur des gazons ; des allées, mais en petit nombre, toutes tortueuses ; des ponts, des pièces d'eau, tout entre dans cette composition de fantaisie, et où l'art joue le principal rôle.

N° 488. *Bâtimens, édifices publics*. On leur donne la forme qu'ils doivent avoir, soit ronde ou carrée, souvent les deux formes réunies. Pour les distinguer des maisons particulières, on leur donne une teinte plus foncée, ou on croise les hachures qui forment la teinte.

On les distingue encore en dessinant la forme du toit avec ses croupes.

N° 489. *Bâtimens particuliers*. On les exprime par un rectangle, et quelquefois il y en a deux en retour d'équerre. Ce rectangle reste blanc quand le plan doit être lavé, et il reçoit des hachures simples quand il ne doit pas l'être, (N° 492 et 493), ou quand le dessin est totalement fait à la plume.

Les bourgs et villages se font avec ces maisons en plan, que l'on réunit par des murs de clôture.

N° 490. *Moulins à vent.* Ils sont en bois ou en pierre : les premiers ont le plan carré, et les autres l'ont rond. On exprime les ailes en avant du plan par deux lignes en croix.

N° 491. *De la boussole qui sert à orienter les cartes et les plans.* C'est une ligne pleine que l'on trace dans un des coins du plan, souvent dans l'eau lorsque la rivière est large. Elle porte du côté du nord une flèche ou dard. On l'indique généralement par deux lignes perpendiculaires l'une à l'autre, qui marquent à leurs extrémités les quatre points cardinaux, *nord*, *occident*, *septentrion*, et *midi*. L'orient est opposé à l'occident, et le septentrion au midi : l'est est opposé à l'ouest, et le nord au sud. On indiquera le nord vrai et la déclinaison de l'aiguille. (*Voy.* la description de la boussole, N° 317.)

Les cartes ou plans topographiques s'orientent toujours carrément à la bordure, de manière que les quatre côtés du cadre regardent les quatre points cardinaux ; le nord est toujours du côté qui borne le plan par le haut.

F. La flèche sert aussi à marquer le cours des rivières et des ruisseaux ; on la dessine à l'encre de Chine dans le lit, ou sur ses bords quand il est trop étroit. On dessine au bout opposé au dard, qui marque le courant de l'eau, un volant ou barbe de plume. Quelquefois on courbe la tige pour indiquer que les rivières sont tortueuses.

N° 492. *Il fait voir l'étude de la topographie pour le lavis.* (Pour les teintes, *voy.* la Leçon 18ᵉ.)

N° 493. *Continuation du même plan, dont l'étude est celle de la plume.* (Pour les détails, *voy.* les N° 468 à 490.)

Il y a une grande quantité de signes conventionnels qui ne sont pas utiles dans cet ouvrage, vu qu'on ne les emploie que pour des cartes spéciales, ou des cartes réduites à une très-petite échelle ; telles que les cartes de France ou des départemens, ou celles qui ne regardent que certaines administrations. Tels sont encore les signes pour les établissemens religieux, pour l'hydrographie, pour la minéralogie, qui comprennent les terres et les pierres, les substances volcaniques, les combustibles, les métaux et les eaux ; pour l'art militaire, etc. (*Voyez*, au besoin, *le Mémorial topographique et militaire*, an XI.)

Leçon seizième.

DES PARTAGES DES CHAMPS.

Les N° 141 à 150 de la géométrie enseignent à diviser un terrain en un certain nombre de parties égales, ou qui soient dans des rapports donnés. La division d'un terrain peut se faire de deux manières : en levant d'abord le plan du terrain, et faisant ensuite la division sur le plan rapporté ; en cherchant, par le calcul, les quantités inconnues au moyen de celles données ou mesurées.

On suppose qu'on a levé et rapporté sur le papier le plan d'un terrain à diviser.

N° 494. *Partager le quadrilatère* ABCD *en deux parties*. Du point D on mènera une parallèle à AB, on marquera *fg* au milieu de AB et de D*e* ; on mènera la droite C*f*, et l'on aura le quadrilatère BC*fg*, moitié de ABCD. Les triangles C*ef* et CD*f* seront égaux.

Autre moyen, le tout restant dans le même état. Du point *f* soit mené *fh* parallèle à C*g*, on aura *gh* qui divisera le rectangle ABCD en deux, aux points *g h*.

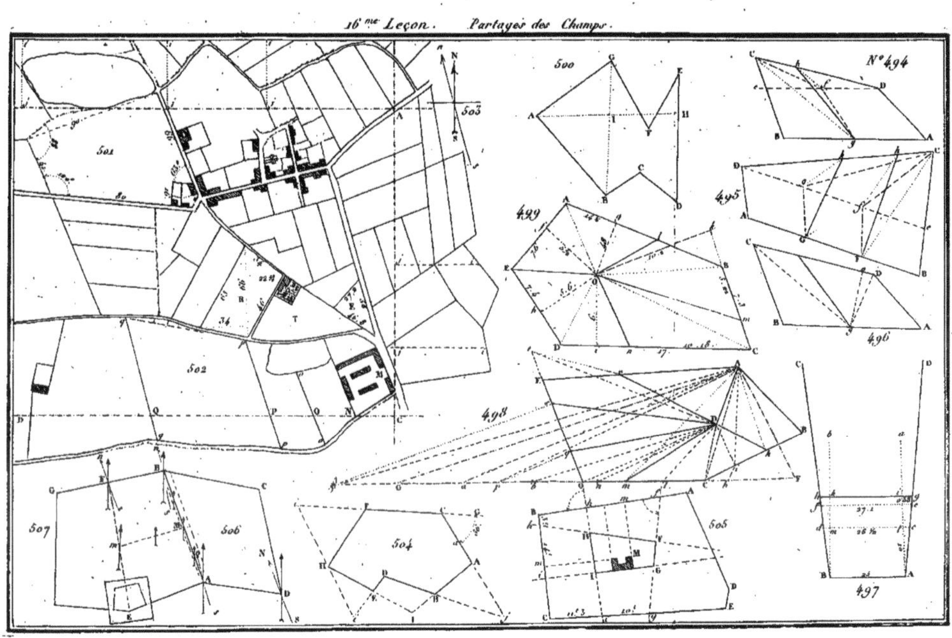

N°. 495. *Partager le quadrilatère* ABCD *en trois parties égales.* On fera comme ci-dessus, De parallèle à AB, que l'on divisera en trois parties égales, GF, *gf*. Les droites qui passeront par ces points, et qui se réuniront au point C, formeront autant de quadrilatères qui seront égaux au tiers du quadrilatère ABCD. Pour régulariser cette figure, on cherchera les points *h k*, en menant des parallèles, *gf* à FC, comme on l'a fait pour C*g* de la figure précédente.

D'après ce principe on peut diviser la figure dans des rapports donnés ; par exemple, si le quadrilatère devait être partagé entre sept ou huit héritiers, et que deux ou trois achetassent la part des autres, savoir : l'un une part, et l'autre quatre, un troisième conservant sa portion ; il faudrait partager en trois portions, qui fussent entre elles comme les nombres 1, 2 et 4, les côtés AB et D*e*, dans le rapport de ces nombres, en commençant par diviser en huit, et faisant l'opération à la quatrième division 4 et 2, comme on l'a fait pour le quadrilatère BC*hg* de la figure 494.

N° 496. *Remarque.* Les solutions par le calcul supposent qu'on peut entrer dans l'intérieur de la figure à diviser ; si cela n'était pas possible, il faudrait en calculer la surface d'après la connaissance des angles et des côtés, et chercher, par le calcul trigonométrique, la valeur nécessaire pour déterminer les inconnues.

Pour avoir la surface des triangles AD*h*, DC*h*, on calculera d'abord celle du premier au moyen des côtés mesurés AD, A*h*, et de l'angle A observé; puis, dans le second, on connaîtra les côtés DC, D*g*, et l'angle B égal à ABC, moins AD*h*. Ainsi, on trouverait toutes les parties de ce triangle, dont on aurait les quantités nécessaires pour faire le point *h*, et ainsi des autres.

On n'est pas tenu de diviser la ligne AB en autant de parties égales que la figure doit avoir de parts; il est souvent plus régulier de fixer le point *g*, en portant la valeur du quotient, qu'on obtient en divisant une portion du partage par AD ou par BC, de A en *g* ou de B en *g*.

Si l'on voulait mettre plus de régularité dans les figures du partage, il faudrait diviser la même portion par une ligne tirée à peu près dans le milieu de chaque part, porter le quotient comme on vient de le faire, et opérer ensuite comme si ce point *g* avait été fixé.

C'est par ce moyen qu'on peut ôter une certaine quantité d'une figure sans calculer sa surface entière, et qu'on fait des répartitions pour proportion du plus ou du moins que chacune doit avoir.

Dans la pratique, on se sert ordinairement d'un autre moyen pour ôter une quantité d'une figure quelconque : quoique cette méthode ne soit nullement géométrique, l'erreur qu'elle peut occasioner n'est point assez sensible pour ne pas la faire préférer ; et de plus, comme elle est plus expéditive sur le terrain, nous croyons devoir en parler ; la voici :

N° 497. *Dans un espace indéterminé* ABCD, *former une superficie, par exemple, de trois arpens soixante-quinze perches.* Après avoir mesuré AB, élevez la perpendiculaire A*a*, et mesurez dessus une distance quelconque, 10 perches, par exemple ; menez sur A*a* une autre perpendiculaire *cd*, que vous mesurerez ; puis remarquez la différence des deux lignes AB, *cd*. Si la première a été trouvée de 25 perches, et la seconde de 26 $\frac{1}{2}$, cette différence sera 1 $\frac{1}{2}$ sur 10 ou 0,15 pour une perche.

Si on essaie de prendre 14 perches de largeur, la parallèle *ef* sera de 27,1, et la superficie AB*ef* vaudra 364,7 ; et comme on propose d'en former 375, il en faudra 10,3 pour que cette largeur donne la quantité demandée. Pour la compléter, on divise 10,3 par 27,1, et le quotient 0,38 est ce qu'il faut ajouter aux 14 perches, c'est-à-dire que 14,38 de largeur, pris sur les perpendiculaires A*a*, B*b*, donneront, à très-peu de chose près, les 3 arpens 75 perches.

Si on ne pouvait entrer dans cette figure, on chercherait la ligne *cd* par le calcul. Cette ligne égale AB, plus les deux parties *cl*, *md*, où on connaîtra ces lignes au moyen des triangles A*cl* B*dm* dans chacun desquels on aura les données nécessaires, puisqu'on suppose A*l* et B*m*, égalant 10, et que les angles CA*l*, *d*B*m* sont égaux, savoir : le premier à l'angle BAD moins 100°, et le second à l'angle ABC moins 100°.

Cette ligne *cd* une fois connue, on déterminera A*i*, B*k*, comme ci-dessus, et ensuite on cherchera les distances A*g*, B*h*, au moyen des triangles-rectangles A*ig*, B*kh*.

N° 498. *Diviser le pentagone* ABCOE, *en six parties égales, par des lignes tirées du point* D. On réduira cette figure en un triangle AFG ; on divisera la base en six parties égales, *h*, *l*, *n*, *b*, *a* ; on mènera *hi* parallèle, à A*c* ; on formera le quadrilatère AB*i*D, qui excèdera le triangle AB*i*, sixième partie de la figure proposée de tous les triangles AD*i* : si vous menez A*k*, parallèle à D*i* et D*k*, vous aurez le quadrilatère AB*k*D, égal à la sixième partie de la figure à diviser ; si vous menez A*m* parallèle à D*l*, vous aurez le pentagone ABC *m* D, égal au tiers de la figure, et D*k* C*m* en sera la sixième partie.

Passant à la troisième division, l'on mènera D*n*, sa parallèle A*p* et la ligne D*p* ; l'on mènera aussi DO, sa parallèle p*q*, la ligne D*q*, et l'on aura ABCO*p*D, égal à la moitié du pentagone proposé ; donc, $DmOq$ en sera la sixième partie.

En menant Db, sa parallèle Ar, DO sa parallèle rs, et tirant Dp, on aura le triangle Dqs, égal à la sixième partie du pentagone à diviser.

On déterminera la cinquième partie de la même manière ; Da serait fort incliné, la parallèle qu'il faudrait lui mener du point A porterait à une trop grande distance, et rendrait trop incertain le vrai point de section de cette parallèle avec le prolongement de la ligne FG. On peut parer à cet inconvénient, en faisant observer que le triangle Dqs étant la quatrième portion, il n'y a qu'à faire st égal à qs pour avoir Dst égal à Dqs, et faire ensuite rentrer dans le plan la partie qui est en dehors ; pour cela menez DE, sa parallèle tv, la ligne Dv, et vous aurez $DvEs$ pour la cinquième partie demandée.

N° 499. *Même solution par le calcul.* On partagera cette figure en triangles par des lignes menées du point donné à chacun des angles, et on mesurera son périmètre, ainsi que les perpendiculaires Og, Ok, Oi, Oh, Of, afin de calculer la surface des triangles, AOB, OBC, OCD, ODE, OEA, qui composent la superficie de cette figure ; enfin on cherchera les inconnues comme dans les exemples précédens. Pour mieux fixer les idées, je vais résoudre cette question numériquement.

En supposant les dimensions telles qu'on les voit écrites dans cette figure, on trouve que la superficie est de 14,65. Si le partage doit être fait, par exemple, en quatre parties égales, chaque portion sera de 41,16. Comme le triangle OEA ne contient que 20,9, il faut lui ajouter un triangle qui contienne 20,26. Pour déterminer cette quantité, on la divise par la moitié de la perpendiculaire O*g*; le quotient 8,44, est ce qu'il faut prendre de A en *l*. Si du triangle AOB égal à 34,8 on retranche le triangle A*l*O, égal à 20, 26, il restera 14,54, dont la différence avec 41,16, est de 26,62. Comme cette dernière quantité peut être prise dans le triangle OBC, on la divise par la moitié de la perpendiculaire O*k*; le quotient 5,22, est ce qu'il faut prendre de B en *m* pour former le quadrilatère O*l*B*m*, égal à la seconde portion.

Le triangle OBC étant de 37,23, celui O*m*C sera de 10,6; donc la différence avec 41,61 égale 30,55 : on divise cette dernière quantité par trois, et on a 10,18 pour la valeur de C*n*. L'opération est finie ; si l'on a bien opéré, le quadrilatère ED*n*O formera la quatrième part. Dans cet exemple la différence n'est que de deux centimètres de l'unité principale.

Observation. Toutes les opérations enseignées pour la division des champs ne peuvent guère se pratiquer sur le terrain, à cause de la multiplicité des lignes qu'on est obligé de tracer dans la figure à diviser ; c'est pourquoi ces opérations se font graphiquement, en rapportant sur le papier la figure exacte du terrain à partager.

Lorsque le plan de la figure à diviser est bien exactement fait, on opère les divisions sur ce plan, d'après les règles de cette méthode.

Avant de faire l'application de cette théorie sur le terrain, il faut d'abord prendre avec un compas la distance d'un point déterminé à un point de division, et porter cette ouverture de compas sur l'échelle qui a servi à faire le plan de cette figure, afin de connaître la direction qu'il y a entre ces deux points : enfin on écrit cette quantité à l'endroit où elle doit l'être. On fait la même opération pour connaître toutes les distances des points de la division qui se trouvent sur les côtés de la figure, et on mesure pareille longueur sur les côtés réels et homologues du triangle à diviser, pour avoir les extrémités des lignes de séparation.

Réflexions sur le partage des possessions champêtres.

Les différentes natures des biens champêtres ne produisant pas toujours également dans leur étendue, l'arpenteur doit user avec intelligence et équité des lumières qu'il peut acquérir sur le terrain même, et faire en sorte que chacun des copartageans ait une égale portion du bon, du médiocre et du mauvais terrain.

Si le terrain est de niveau vers l'un de ses bouts et en pente vers l'autre, il convient encore de le couper de manière que les divisions participent à l'inégalité du terrain et aux avantages ou aux inconvéniens qu'elle présente.

Si le champ est borné par une rivière, par un chemin, par un bois, etc., chaque part, comme on l'a déjà dit, doit aboutir vers cette borne, et participer au bien ou au mal qu'elle produit; on doit du moins y avoir égard.

S'il s'agit d'un champ de nature variable, comme ceux sujets aux inondations, les parts inégales en qualité devront différer en quantité, pour mettre les lots en balance. Si le terrain, par exemple, est de nature à produire 20 pour $\frac{0}{0}$ vers l'un de ses bouts, tandis que vers l'autre il ne donne que 10 pour $\frac{0}{0}$, il est de toute justice que la portion qui contient le moins bon terrain soit au moins double de celle qui contient le meilleur.

La conscience, l'honneur, tout impose à l'arpenteur l'obligation de descendre avec soin dans tous ces détails, de les peser avec toute l'attention dont il est capable, et de les considérer comme la règle essentielle de toutes ses opérations. Non-seulement il doit avoir à cœur de mettre de l'exactitude dans son travail, mais surtout de procéder avec équité et de laisser partout après lui la réputation d'un homme parfaitement intègre.

Des bornes.

N° 500. Les bornes sont des points fixes de séparation ; on dresse ordinairement un procès-verbal de leur plantation.

Quand on veut mesurer une pièce de terre, de bois, de vigne, etc., il faut voir si les limites ne sont pas assurées par des bornes, qui ne sont autre chose que des pierres plantées en terre pour séparer les possessions. Quelquefois les propriétaires, par acte passé entre eux, conviennent qu'une haie ou certains arbres plantés entre leurs héritages, leur serviront de bornes ; alors ces arbres deviennent *mitoyens*.

Quelquefois aussi, par convention entre les particuliers, les bornes sont enfoncées en terre pour les garantir du soc de la charrue. Outre les cas de convention, on met sous les bornes quatre moellons, qu'on appelle *témoins de la borne;* au milieu de ces moellons on casse une tuile dont on rapproche les morceaux, que l'on nomme *témoins muets*. Quelquefois encore, au lieu de tuile on met du charbon, des ardoises ou une assez grande quantité de petites pierres ou cailloux.

Les bornes se placent ordinairement aux angles des figures, afin qu'elles servent pour le bout et le côté; on en met quelquefois sur la longueur, mais elles ne peuvent servir que pour le côté.

Il est nécessaire de marquer les bornes sur les plans, telles qu'on les voit aux angles de la figure ABCDG. Il faut autant que possible indiquer leur juste position, en marquant la longueur des lignes et l'ouverture des angles qu'elles forment.

Lorsqu'une borne est douteuse, l'arpenteur doit avoir pour la lever un pouvoir par écrit des deux propriétaires voisins qui sont en contestation, ou un ordre du juge; car des lois non-abrogées prononcent différentes peines contre ceux qui arrachent ou transposent des bornes.

Vérification d'un procès-verbal d'abornement.

Il faut commencer par prendre connaissance du procès-verbal, puis vérifier la position et la figure des bornes qui y sont rappelées; voir si les distances de l'une à l'autre se rapportent à celles qui sont indiquées, examiner scrupuleusement si elles sont placées comme l'indique le procès-verbal, et si les riverains rappelés sont conformes aux limitrophes actuels; enfin il faut entrer dans tous les détails du procès-verbal, et s'assurer si tout s'accorde parfaitement.

Il peut arriver qu'en faisant cette vérification une borne indiquée par le procès-verbal ne se trouve point; alors voici ce qu'il faut faire pour trouver l'endroit où elle a été placée.

Soit le plan ABCDEFG, dont la borne A ne se trouve point sur le terrain, et dont on a les distances AB et AG sur le procès-verbal : si l'on avait la direction AB et AG, on trouverait la place de cette borne en mesurant l'une de ces lignes, en faisant fouiller au point A où la mesure finirait,

Si ces directions n'étaient point visibles, on ne pourrait pas opérer de même, car il est probable qu'on s'écarterait de ces limites; mais si l'angle G, par exemple, était connu, on pourrait déterminer la direction AG au moyen de cet angle.

Si l'angle B ou G n'était point marqué sur le plan, on mènerait une droite BG qu'on mesurerait; alors on connaîtrait les trois côtés du triangle ABG, et l'on chercherait la perpendiculaire AI, ainsi que sa distance aux points B et G; on marquerait le point I sur le terrain, et on élèverait la perpendiculaire AI, qui passerait nécessairement sur la borne A; donc, si l'on mesure la longueur AI, on aura le point A de la borne qu'il faut trouver.

Si l'angle fait en A n'était point désigné par le procès-verbal, on prolongerait la perpendiculaire AI vers H, et l'on chercherait cette borne tant en A qu'en H ; car, d'après les données du plan, elle a été posée à l'un ou à l'autre de ces deux points.

Si cette borne ne se trouvait point, on la placerait du côté vers lequel la possession actuelle serait, sans pourtant léser le propriétaire voisin, qui doit être présent à cette opération.

Si du point G on ne pouvait apercevoir le point B, comme par exemple dans les bois où l'obscurité règne toujours, on se servirait de la pratique du N° 391 pour déterminer la ligne BG.

N° 501 et 502. *De l'utilité d'un plan géométral.* Lorsque l'arpénteur est chargé de lever le plan d'une commune avec tous les terrains et maisons, tels sont les N° 501 et 502, ce plan doit être fait, et une échelle donnée, il faut qu'il soit coté et orienté. Il est utile de dresser un registre des opérations, et d'y ajouter tout ce qui peut intéresser les habitans : par exemple, les situations, tenans, dimensions, propriétaires, nature, étendue et charge de chaque propriété, afin de voir combien le terrain supporte de charge, et combien il contient d'arpens, tant au total que de chaque nature : ce tableau est on ne peut plus utile pour la répartition des charges, c'est ce qui a été fait par l'arpentage parcellaire de la France.

Je joins ici un tableau fictif d'une commune (1), contenant la situation de ses cantons, le lieu et la nature des biens, leurs dimensions, la nature et la superficie de chaque possession, charges, etc.; enfin tout ce qui peut être nécessaire pour prévenir les discussions qui s'élèvent entre les propriétaires.

On voit par le tableau ci-joint, coté (A), que la pièce coté E appartient à *Jean Laurandeau*, qu'elle a trois côtés, savoir : un vers le nord, de 56 perches ; un autre vers l'orient, de 27,2 ; et le troisième au midi, de 26,8 ; que le premier côté tient à *Nicolas Dizié*; le second, aux héritiers *Bailly*; et le troisième, au chemin de... enfin, que cette propriété contient 6 arpens 34 perches ; qu'elle est chargée de 12 francs de rente viagère, et qu'elle paie 25 francs d'impositions.

En faisant la même chose des autres figures, on verra combien ce canton contient de figures

---

(1) Ce tableau, et une partie des observations sur les partages et sur les bornes, sont empruntés à l'ouvrage de M. Lefèvre.

d'arpens de chaque nature. Enfin, on ménagera sur ce tableau une colonne assez grande pour y indiquer les mutations qui pourraient arriver à chaque article.

Pour lever le plan d'une commune, d'un village, qui contient beaucoup de détails, il faut commencer par parcourir les chemins, les coteaux, les vallées, et les différentes pièces de terre, jusqu'aux points limitrophes qui forment les angles obtus ou aigus, autant qu'on le peut juger à l'œil, et mettre de suite le tout dans la proportion qu'on a d'abord jugé à propos de leur donner, afin de déterminer les bases qui sont les lignes les plus longues et les plus régulières que l'on forme bien exactement avec des jalons JJJ. On élèvera sur ces bases des perpendiculaires aux sinuosités voisines J*i*, J*i*, J*i*, qui composent les différens chemins et terrains; on mesurera l'intervalle entre toutes ces stations, ainsi que la rencontre de chaque pièce de terre qui peut se trouver sur cette ligne. On aura soin de relever les angles formés par la direction des côtés de chaque pièce de terre, en mesurant la longueur de chaque côté. De cette manière, le plan sera promptement fait, et avec beaucoup d'exactitude, si l'on a bien opéré.

(A) Modele de tableau, *où l'on voit la situation des cantons, le lieu et la nature des biens, leurs dimensions, leur étendue, leurs propriétaires, tenans, charges, etc. Canton de B.... situé entre les limites de la commune de R..... et le chemin de C.....*

						NATURE ET SUPERFICIE DE CHAQUE POSSESSION.										CHARGES.		
		DIMENSIONS et situation des côtés.							BOIS.									
Renvois.	Propriétaires.	Nombre.	Longueur.	Situation.	Tenans.	Terres.	Prés.	Vignes.	Taillis.	Hautes futaies.	Saussaies et aunaies.	Biens communaux.	Marais.	Bruyères.	Étangs.	Perpétuelles.	Viagères.	Impositions.
						arpens.												
E	Jean-François LAURENDEAU.	3	56 » 2[illegible] 2 46 8	Est. N. Ouest. S. Ouest.	Nic. DIZIÈ Her. BAILLY chemin de..	6 34	»	»	»	»	»	»	»	»	»	»	12 f.	21 f.
R	Jean Pierre.	4	34 » 46 » 35 » 65 »	N. Est. Est. Nord. Ouest.	chemin de . chemin de.. chemin de . à ETIENNE..	» »	»	18 56	»	»	»	»	»	»	»	»	»	78 5[illegible]
					Total...	6 34	»	18 56	»	»	»	»	»	»	»	»	»	» »

N° 561 fait voir comment la pièce de terre doit être levée, rapportée, calculée et cotée; voyez le tableau ci-joint (B), qui doit être annexé au plan. Donner également les longueurs des lignes qui forment la circonscription des pièces de terre, l'ouverture des angles; si le plan a été levé à la boussole, la situation du climat sur la commune de..... l'arrondissement et le département, la date. (Ce qui marque le temps et le lieu ne doit jamais être oublié, non plus que le nom du propriétaire.)

(B) *Tableau indicatif de la longueur des lignes, de l'ouverture des angles; la superficie et la position limitantes du pré de M. Laroche, situé au nord, sur la commune de P......, arrondissement de D......, département de la L.....*

PROPRIÉTÉS LIMITANTES.	DÉSIGNATION de chaque partie DE LA LIGNE de circonscription.	LONGUEUR EN LIGNE droite.	LONGUEUR DÉVELOPPÉE.	VALEUR DES ANGLES formés par les lignes droites seulement.	SUPERFICIE.	OBSERVATIONS.
Chemin de B.......	fossé	80				
M. Louis..........	vigne	41		120		
Étang de B.........	haie	90	98	88		
Chemin de C....	fossé	66				
Maison et jardin	murs du jardin	16		63		
de M. B......	murs de M.....	16		90		
				Total des mesures.		

Certifié véritable le présent État.

Fait triple à P..... le 24 avril 1824.

N° 502. Si l'on avait à lever le plan de la ferme MNDqpo, il faudrait commencer par tracer la base CD, puis prendre les anglés que forme chaque pièce de terre avec cette droite, telle que pPQ, ou qQD; puis les longueurs pP, Qq. Par ce moyen, on aura promptement le plan demandé, puisqu'il n'y aura plus que les contours à tracer, et à lever les détails des maisons. On cotera le plan comme l'indique la figure R, N° 501. Le tableau ci-dessus achèvera de remplir les conditions pour tous les renseignemens demandés.

N° 503. Le plan doit toujours être orienté, et il doit offrir, autant que possible, son bord supérieur perpendiculaire à la ligne du nord, qui est un des côtés du cadre du dessin. Quand la forme du plan, qui est souvent bizarre, ne permet pas d'orienter la feuille de papier, on doit y placer une boussole. (*Voy.* N° 491.)

N° 504. *Lever le terrain* ABCDHF *dans l'intérieur duquel on ne peut entrer, et dont il s'agit de faire le partage ou de donner l'étendue.* On prolongera les côtés AC, BD, s'il est possible; on placera un jalon J à la rencontre des deux côtés prolongés; puis l'on mesurera le triangle JAB, que l'on pourra construire sur le papier, et dont les côtés pourront être prolongés pour donner les longueurs JA et AC; ainsi des autres.

Si les angles ne pouvaient se prolonger, on

prolongera un des côtés, tel que CF en G; puis on mesurera l'angle CG*a*, pour le construire sur le papier; il en sera de même pour tous les autres côtés. On obtiendra l'angle BDE en mesurant l'hypothénuse BE, et l'angle DEH, en prolongeant EH en I, dans le prolongement de BA; DE et BI étant connus, on aura l'angle demandé.

Nº 505. *Lever le plan du terrain* ABCD; *dans l'intérieur, celui du jardin entouré de murs* FGHI, *ainsi que celui de la maison* M *inaccessible.* Le premier terrain ABCD sera levé comme au Nº 346 ou 504. Pour le jardin on prolongera les alignemens FH et HI, jusqu'à la rencontre d'une droite connue, comme AB et BC, ou, ce qui revient au même, on parcourra la droite AB, et l'on placera un jalon dans cette direction jusqu'à ce que l'œil puisse dégauchir HI, et de FG, on en fera autant sur EC; si on ne pouvait parcourir cette ligne, il faudrait prolonger H*h* et F*f* en dehors s'il est besoin; l'on prendra les angles que forment ces lignes avec la droite AB; en mesurant l'intervalle A*f*, *fh*, et *h*B, on aura tout ce qu'il faut pour déterminer la position HI et FG. Si on ne peut mesurer les angles *f*FB, on répètera l'opération sur E.

Pour avoir les directions FH, GI, on prolongera sur AD ou sur BC, comme on a fait sur AB pour FG et HI.

Pour la maison M il faudra parcourir la ligne AB et BC jusqu'à ce que l'œil puisse dégauchir le mur de façade ; puis on placera un jalon dans cette direction, on mesurera la distance *mh*, que l'on pourra répéter sur CE pour prendre la distance *mi*; il en sera de même pour toutes les autres parties. Après avoir levé les angles et les côtés, on pourra les rapporter sur le papier tout aussi bien que si on l'avait fait avec la facilité de parcourir le terrain.

N° 506. *Des bois et forêts où l'on doit percer des routes, ou faire le partage en plusieurs divisions.* Lorsque le bois n'est pas d'une grande étendue, ou qu'on peut seulement comprendre la partie de la superficie où il convient d'ouvrir une route, on doit lever le plan du terrain très-exactement, et faire sur ce plan tous les changemens et projets que l'on veut opérer sur le terrains afin d'agir avec connaissance de cause, car il est plus facile de changer et varier toutes ces dispositions sur le papier que sur le terrain. Les opérations de ce genre ne se pratiquent pas toujours facilement; mais, au moyen de la boussole ou de la planchette, on parvient à opérer très-exactement pour le percé des routes; on peut même élever des perpendiculaires, mener des routes parallèles et former des angles quelconques.

Percer une route dans une forêt en se servant

d'une boussole. Soit la route ou la direction AB qu'il s'agit de percer, les points AB ne pouvant être aperçus d'un même lieu : on placera des jalons aux angles A,B,C et D; à partir du point D, on prendra avec la boussole les angles DAS, DNC, et pour éviter les erreurs, on écrira le supplément SDA de ces angles; on mesurera les côtés AD,DC, pour pouvoir construire l'angle, en continuant pour les angles et les côtes C,D,B. Toutes les opérations sur le terrain seront terminées. Pour avoir la direction demandée, si de l'angle CB*f* on retranche l'angle ABD, le reste exprimera la grandeur de l'angle AB*f*, que la route doit former avec l'aiguille aimantée NDS. On aura de même la valeur de l'angle BA*f* et *n*AB, qui doivent être égaux.

Pour opérer le percé de la route, on peut commencer en A ou en B, et même aux deux extrémités A,B à la fois, en disposant à ces deux points une boussole, de manière que l'aiguille et l'alidade de la boussole forment l'angle donné. On fera placer des jalons dans la direction du rayon visuel que détermineront les pinules de l'alidade : une fois deux jalons placés dans cette direction, il sera facile d'en placer jusqu'à ce que les deux alignemens partis des points A et B viennent se rencontrer.

N° 507. *Du point* F, *milieu de* BG, *percer une route qui corresponde à l'angle* E. La question se réduit à déterminer l'angle FBn et FfE, que l'on déterminera comme à la figure précédente s'il est nécessaire.

Diriger la droite Mm *au milieu de* AB *et de* EF. On cherchera l'angle MfA ou celui mEn, pour avoir la direction Mm, comme on l'a fait pour AB.

Tracer la route EF *au moyen de la planchette.* Il faut lever le plan de la forêt bien exactement. Sur ce plan on marquera les routes que l'on se propose de percer, puis l'on établira la planchette au point E, où doit commencer la route projetée. On aura soin de faire accorder les lignes qui forment les angles des plans avec celles du terrain qu'elles représentent. On se servira pour toutes les directions de la règle de l'alidade, qui sera mise avec beaucoup de soin sur toutes les lignes marquées sur le plan, à l'effet que les jalons soient placés dans une direction exacte, pour que le percé qui partira du point E arrive au point F. Il faudrait d'autant plus d'exactitude dans les opérations du terrain, que le plan dessiné sur la planchette sera petit, et demandera de la précision pour être rapporté en grand. On devra être aussi exact pour le placement de la règle de l'alidade et des jalons.

Modèle de procès-verbal pour le bornage et l'arpentage de plusieurs pièces de terre.

Département de la Seine,

Acte de bornage entre les sieurs Pierre Maison, marchand de drap à Paris; et Jean Latour, propriétaire à Versailles, département de Seine-et-Oise.

Nous, soussignés François Lerond, arpenteur juré, demeurant à Paris; déclarons que les sieurs Pierre Maison, de Paris, département de la Seine, et Jean Latour, de Versailles, département de Seine-et-Oise, désirant jouir divisément de plusieurs pièces de terres, formant partie des lots à eux échus dans le partage de fonds fait entre eux le 21 avril 1824, enregistré à Versailles le 22 suivant, nous ont appelés pour faire leur sous-partage partiel, conformément à l'acte précité, nous dispensant de toute formalité de justice (1).

Étant autorisés par lesdits sieurs Latour et

---

(1) Il arrive souvent que les partages se font en vertu de justice : on déclare qu'en vertu d'un procès-verbal de la justice de paix de Versailles, en date du...., qui autorise à délimiter et borner dans la proportion des droits des sieurs sus-nommés......

Maison, nous nous sommes transportés sur les lieux le 28 avril 1824, en présence des parties; et, à la vue des titres, nous avons procédé à l'opération dont il s'agit.

Désirant nous assurer, avant de tracer les lignes de partage, des contenances énoncées dans l'acte ci-dessus relaté, afin de faire une juste répartition, nous avons arpenté les pièces partageables. Après avoir fait les calculs nécessaires, nous sommes retournés sur les lieux pour planter les bornes (1). Conformément à l'état et au plan coté ci-joint nous avons reconnu la pièce de terre T, appartenant à M. Maison, située au nord du village, limitée par la route de. . . . . au sud, et par une haie au couchant, par un étang bordé d'arbres au nord; au levant, par le pré et la vigne de M. Latour; à l'angle sud-ouest, par un mur en retour d'équerre. Cette pièce de terre contient en surface. . . . . hectares ou. . . . . journaux. . . . . . . conformément aux titres.

Nous avons ensuite procédé au bornage, ainsi qu'il suit : (*Mettre ici les détails comme au* N° 500.)

---

(1) Désigner le nombre des pièces, les climats où elles sont situées, la contenance de chacune d'elles, la situation respective des bornes qui déterminent les lignes de partage et de confin.

17me Leçon. Du Dessin, de la mise au trait et de la manière de copier les Plans.

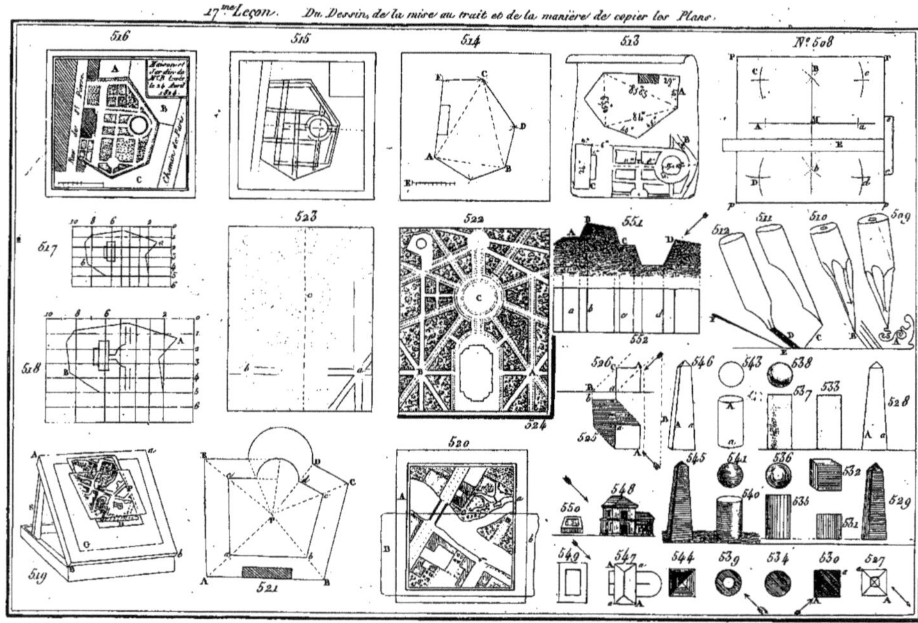

TROISIÈME PARTIE.

Leçon dix-septième.

DU DESSIN, DE LA MISE AU TRAIT, DES OMBRES, ET DE TOUS LES MOYENS EMPLOYÉS DANS LA PRATIQUE DU DESSIN GRAPHIQUE.

Nº 508. *Opérations préliminaires au dessin graphique.* On dessine sur du papier fort, qu'on a soin de coller sur une table ou planchette bien dressée pour tendre son papier. On le mouille légèrement avec une éponge ; lorsque le papier est bien humecté, on retourne la feuille, de manière que le côté mouillé pose sur la table.

Au moyen de la colle à bouche et d'une règle que l'on pose à deux lignes environ des bords, on colle les quatre côtés, de manière que tout le contour se trouve fixe d'environ quatre à cinq millimètres ou deux lignes, que l'on coupe lorsque le dessin est fini.

On laisse sécher librement son papier sans l'approcher du feu, ce qui le ferait décoller ou déchirer ; lorsqu'il sera parfaitement sec, on pourra dessiner.

Pour tirer les lignes. On se sert d'une règle N° 54, 90 et 100, ou d'un instrument nommé T, figuré par E*e*. On commence par faire une ligne au milieu du papier, telle que A*a;* on élève sur cette ligne la perpendiculaire B*b*, ensuite toutes les lignes que l'on peut faire sont assujetties à ces deux lignes. On forme le cadre en déterminant, avec la même ouverture de compas, deux arcs qui se coupent en C*c*, D*d*, réciproquement parallèles aux deux lignes déjà perpendiculaires.

N° 509. *Des crayons.* On trace les lignes avec un crayon de mine de plomb; les plus en usage sont les crayons *Conté, numéro* 4 pour le trait, et *numéro* 2 pour le dessin croquis. Pour dessiner les massifs des bois, ou divers contours et sinuosités tels que A, on se sert d'un crayon taillé en pointe comme un cône : la pointe, qui s'use promptement, se forme en frottant le crayon, que l'on a soin d'incliner sur une feuille de papier.

N° 510. *Des lignes fines.* On les trace avec un crayon plat, c'est-à-dire taillé en coin ; on a le soin d'appliquer la partie plate contre la règle, de manière que le tranchant du crayon forme le trait fin et constamment mince, tel que B.

Lorsque le dessin est mis au trait avec le crayon de mine de plomb, on le met à l'encre avec un tire-ligne ou avec une plume.

N° 511. *Des plumes.* Les meilleures pour dessiner et pour tirer des lignes, sont les plumes d'oie, *bouts-d'aile.* On se sert avec avantage, pour les petits détails et les lignes fines, de plumes de corbeau et de canard.

On les taille fines ou grosses, suivant le genre de dessin; pour les lignes fines, on conduit la plume de côté, tel qu'on le voit en C. Elle est toujours appliquée contre une règle pour faire les lignes droites.

N° 512. *Des grosses lignes.* On taille sa plume un peu plus grosse; on la tient molle du bout, et on la fait couler sur son plein, comme on le voit en D.

Parmi les grosses lignes, il y en a de moyenne grosseur que l'on fait avec la plume fine que l'on tient sur son plein, et en appuyant un peu. En la tenant de profil, on peut commencer une ligne fine et la finir un peu plus grosse, en la faisant tourner de profil sur le plein, tel qu'on le voit en EF.

COPIER.

Dans les arts du dessin, c'est faire le double d'un plan d'une carte, etc. La copie est le double d'un dessin fait d'après lui et semblable. Il y a plusieurs manière de copier.

Copier au compas. C'est faire un dessin avec les mêmes proportions que celui dont on veut avoir la copie. On prend sur le dessin original, et l'une après l'autre, toutes les mesures avec le compas, pour les porter sur le papier destiné à faire le double.

N° 513 à 516. *Construire un dessin.* Après avoir levé et mesuré sur le terrain, comme l'indique le croquis N° 513, dont la figure A fait voir le périmètre d'un jardin sur lequel se trouve la triangulation; les figures B et C indiquent le levé des détails cotés du jardin et de la masse du bâtiment C, qui se seraient confondus avec les premières cotes de la figure A.

La personne qui lève doit, avant de commencer son croquis, se porter successivement à tous les différens points, pour obtenir les détails et le figuré des parties adjacentes, afin de pouvoir les rapporter ensuite sur le plan, au moyen du croquis particulier que l'on aura pris.

N° 514. *Planchette sur laquelle on a collé du papier pour faire le plan au net.* Au moyen de l'échelle E et des cotes données à la figure A, N° 513, on construira les triangles ABC, BCD, etc. Si l'on a mesuré les côtés nécessaires, on construira la figure. (*Voy.* N° 73.)

N° 515. *Même planchette.* Elle fait voir la suite du travail, c'est-à-dire, qu'après avoir tracé le périmètre du terrain, on ajoute graduellement les planches et plates-bandes du jardin. Comme le dessin est tracé au crayon avant d'être passé à l'encre, on tire les lignes sans interruption, sauf, en les mettant à l'encre, à ne les faire que de la longueur qui convient.

N° 516. *Dessin plus avancé et en partie mis à l'encre.* Souvent on les lave, quelquefois on les laisse au trait; on a soin d'ajouter l'échelle, le titre désignant la propriété, l'endroit où le plan est situé, la date de son exécution, les noms des rues environnantes, et celui des propriétés voisines qui se trouvent contiguës au plan; en un mot, tout ce qui peut contribuer à l'intelligence de la propriété. Il ne faut négliger aucun des moyens qui peuvent être utiles et servir au besoin.

Lorsque l'espace ne permet pas de faire une longue description, on écrit une légende dans le vide que laisse le dessin sur le papier, ainsi qu'il suit :

A. Maison et jardin de M. D...

B. Propriété de M. C...

C. Prés et vignes de M. L....

N° 517 et 518. *Copier aux carreaux.* La figure 518 est celle que l'on veut copier, en la réduisant sur la feuille de papier 517. On divisera la hauteur et la longueur du plan en un certain nombre de parties égales : les divisions seront proportionnées à la petitesse des détails; puis par tous ces points de divisions on mènera des droites horizontales et verticales, de manière à former des carreaux qu'on numérotera 0, 1, 2, 3, etc.

Si l'on veut copier le plan de même grandeur, on fera des carreaux égaux sur la feuille de papier. Si l'on veut grandir, on fera les carreaux plus grands; si la feuille de papier était plus petite, telle que celle du N° 517, on formerait les carreaux plus petits, en divisant la longueur et la hauteur en un même nombre de parties égales, comme on l'a fait sur le grand plan.

Lorsqu'on voudra dessiner, on remarquera la position d'un point, tel que A du carreau 1, 2, sur le grand plan ; et on en fera autant sur le petit, en marquant le point *a* au carreau 1, 2. On observera le point B du carreau 3, 4 et 8, 10, que l'on portera au carreau correspondant *b*. On continuera ainsi pour tous les angles.

Lorsqu'on ne veut pas tracer de carreaux sur le plan à copier, on les trace sur une glace, et on la pose sur le plan. On peut encore faire la même chose sur une feuille de papier vernie.

Si le plan est très-grand, on formera les carreaux avec des fils bien fins que l'on fixera avec des épingles ou des pointes, suivant qu'on aura la facilité de l'un ou de l'autre.

N° 519. *Calquer à la glace.* Lorsque l'on veut avoir un dessin de même grandeur, on fixe la feuille de papier sur le dessin; puis on présente le plan sur une vitre, et avec un crayon fin on passe légèrement sur tous les contours que laisse voir ce dessin.

Comme il est incommode de calquer à la vitre, on fait faire un calcoir composé de deux châssis qui se meuvent par une charnière en B*b*; le châssis AB*ab* porte la glace G; on élève ce châssis à volonté; et, suivant qu'on veut avoir de lumière, par le moyen d'un support S, on fixe le dessin D, et la feuille de papier P. Dans cet exemple, on ne veut copier ou calquer qu'une portion du dessin; aussi la feuille de papier est-elle moins grande que le dessin.

N° 520. *Calque.* On prend un calque avec du papier transparent (1), on le pose sur la partie du dessin que l'on veut calquer; puis, avec un tire-ligne ou une plume, une règle et une équerre, on dessine tous les traits que l'on

(1) Il y a du papier gélatiné très-bon pour les lignes, sur lequel on peut laver. Le papier végétal et très-blanc est fort bon pour les traits; mais il ne supporte pas aussi bien l'humidité, et ne peut servir pour laver.

voit sur la feuille de papier calque ; A*a* est le dessin, et B*b* le papier calqué.

N° 521. *Réduire ou grandir par le moyen des échelles.* Comme tous les plans sont faits à une échelle quelconque ; on suppose que le plan soit ABCDE, et que l'on veuille grandir ou réduire ; on prend un point quelconque, tel que P ; on tire les droites de P en A, de P en E, etc. ; puis on proportionne P*a* à PA ; P*e* à PE. On aura la droite *ae* parallèle à AE ; et en proportion : si du point *a* on mène une parallèle à AB, du point *b* une parallèle à BC, etc. ; on aura la figure *abcde*, réduite en proportion avec la figure ABCDE.

Pour grandir, les opérations seront les mêmes, puisque l'on peut supposer la figure *abcd* donnée, de préférence à la figure ABCD.

N° 522 et 523. *Piquer un dessin.* On tend la feuille de papier comme au N° 508, puis on fixe le dessin sur le papier ; ensuite, au moyen d'un piquoir très-fin, on piquera toutes les extrémités des lignes, et le centre des cercles seulement. Quand le dessin est piqué, on passe au crayon une partie des grandes masses avant de les passer au trait ou à l'encre, comme on le voit dans la figure 523, qui représente la feuille de papier sur laquelle on a piqué. Pour éviter de piquer deux fois la même chose, il faut garder un ordre dans la manière de commencer et de finir. Il en est de même pour retrouver ses points ; il faut embrasser des masses que l'on suivra dans toutes leurs longueurs.

Le dessin mis au trait, on le lave, si besoin est ; on forme autour un cadre, pour l'effet.

N° 524. *Des cadres ou bordures.* Il est d'usage d'encadrer le dessin par un trait léger, et quelquefois d'un plus gros ; la grosseur est proportionnée à la grandeur du dessin. Dans tous les cas, le gros trait noir est toujours égal au blanc qu'on laisse entre la grosse et la petite ligne que l'on fait autour des dessins.

DE LA MISE AU TRAIT ET DES OMBRES.

N° 525 et 526. *Usage des lignes pour exprimer les contours des corps solides et en relief.* Elles sont de deux espèces, lignes fines et lignes grosses. On convient de deux choses : premièrement, que les objets seront éclairés suivant un angle donné dans deux projections ; la lance indique l'angle que forme la direction de la lumière dans les deux projections ; 525 est le plan ou la projection horizontale, et 526 l'élévation ou la projection verticale. On suppose que le plan s'élève à une hauteur égale à sa base, puisqu'on a pris pour exemple un cube. Si on mène par les angles du solide des droites parallèles aux flèches qui sont les directions données, on aura la longueur de l'ombre, par la droite CB, dont l'extrémité est fixée par le terrain au point B; on projette ce point jusqu'à la rencontre de *b* de la projection horizontale : puis de ce point on mène des parallèles au solide donné, et on a les contours de l'ombre cherchée. On voit que l'angle A est dans la direction de la lumière, et que l'on doit exprimer ces deux lignes par deux traits légers, tandis que l'angle *a* est dans l'ombre, et que les deux lignes qui le forment doivent être un peu plus grosses.

Il n'est pas toujours besoin de porter l'ombre pour faire ressortir les reliefs.

N° 527, 528 et 529. La première de ces figures représente le plan d'un obélisque, la seconde indique l'élévation de face, la troisième l'élévation vue de trois quarts. Dans l'un et dans l'autre, la lumière vient de droite, bien qu'il soit convenu de la faire venir de gauche; on peut juger par la grosseur des lignes, sans avoir besoin de lance, que la lumière est en A du plan, et que l'ombre est en *a*. Le contraire pour les lettres aura lieu dans la figure 528. Lorsque la figure est ombrée (529), on ne doit pas faire de coup de force ou gros trait; les teintes seules doivent faire ressortir les saillies du corps.

N° 530 à 533. La première figure exprime le plan d'un cube, la lumière vient de gauche, c'est celle qui est généralement suivie. On voit que les gros traits sont opposés à la figure 527, et que cela provient de la direction de la lumière que l'on a fait tourner de droite à gauche ; il en sera de même pour les élévations 531 à 533, qui reçoivent les mêmes observations que les figures précédentes.

Les N° 534 à 543 expriment des cylindres et des sphères. Le cercle 534 est le plan du cylindre. Pour distinguer le plan d'un cylindre du plan d'une sphère, on étend une teinte d'encre de Chine ou de carmin, on en fait des hachures parallèles. Le N° 543, n'ayant aucune teinte, peut tout aussi bien représenter une sphère que le plan d'un cylindre, N° 536. La sphère est ordinairement ombrée par des cercles concentriques, ou par des teintes adoucies, N° 538. L'élévation du cylindre N° 537, qui est ombrée, ne doit point recevoir de gros traits, comme on le voit au parallèlipipède N° 533.

Les N° 537 et 538 sont ombrés à l'imitation du lavis. Le N° 535 est ombré par des hachures parallèles aux côtés ; ce qui doit toujours être lorsque le cylindre est dessiné géométralement.

N° 539. Le plan d'un cylindre reçoit également un coup de force comme les corps qui s'expriment en ligne droite ; on a seulement égard à la tangente du cercle, c'est-à-dire que la naissance de l'ombre commence au diamètre perpendiculaire à la direction de la lumière, et va toujours en grossissant jusqu'à ce qu'elle se trouve dans la direction de la lumière.

N° 540. Lorsque les dessins sont ombrés dans les effets de perspective, on ne donne pas de coup de force : les hachures peuvent être dans le sens horizontal, et suivre la courbe du plan supérieur ou inférieur.

On peut également employer les hachures verticales comme au N° 535; mais dans cette dernière figure on ne pourrait employer les lignes courbes.

N° 541. La sphère peut être ombrée par des lignes droites, mais jamais dans un dessin perspectif.

N° 542. Le cylindre perspectif qui doit rester au trait n'a point de gros trait; seulement les lignes des bases qui se rapprochent le plus du spectateur sont un peu plus prononcées pour les faire venir en avant, telles que les arêtes A*a* l'indiquent.

N° 543. La projection d'une sphère qui doit être ombrée, ou qui doit rester au trait, ne doit point recevoir de coup de force comme on le fait au plan d'un cylindre.

N° 544. *Des corps en talus ombrés.* Le plan de cette pyramide, prise pour exemple est ombré, pour faire voir que, plus les objets situés dans l'ombre se rapprochent de nous, plus les teintes sont foncées. Dans le dessin au trait, N° 527, les coups de force sont plus prononcés par le haut, ce qui enlève le sommet et éloigne la base. Du côté de la lumière le contraire a lieu, plus les objets sont près, plus ils sont blancs; et plus ils s'éloignent, plus la teinte est grise.

N° 545. Dans les effets perspectifs, les hachures qui forment la teinte doivent se diriger au point de vue, surtout lorsque la face à teinter n'est pas parallèle comme l'obélisque.

N° 546: L'obélisque ou le prisme quelconque en perspective, ou vu obliquement, mais qui doit rester au trait, doit recevoir un coup de force; l'arête, qui doit être exprimée de cette manière, est celle qui est le plus près du spectateur. Ainsi A sera enlevé en vigueur par un trait plus gros que B, qui est supposé dans l'ombre, et le trait B sera égal au trait *a*, qui est dans la lumière, dans la supposition de droite, et devant le spectateur.

N° 547 et 548. Quoi qu'il soit d'usage de prendre la lumière derrière le spectateur, on la suppose souvent placée derrière le corps ou devant le spectateur. Alors les coups de force, dans le plan, sont placés en avant et à droite du spectateur, et opposés comme aux figures N° 527 et 530. On ne doit employer la lumière derrière le spectateur que quand le plan se trouve au-dessous de la projection verticale.

N° 548 fait voir que presque toutes les faces du bâtiment sont dans l'ombre, par rapport à la situation de la lumière à l'égard du spectateur.

N° 549. Plan d'une auge qui fait voir, par les coups de force, la partie vide et la partie pleine, sans qu'il soit besoin de mettre de teinte. La lumière vient également de derrière, ainsi que pour la figure suivante.

N° 550. Élévation de l'auge en perspective.

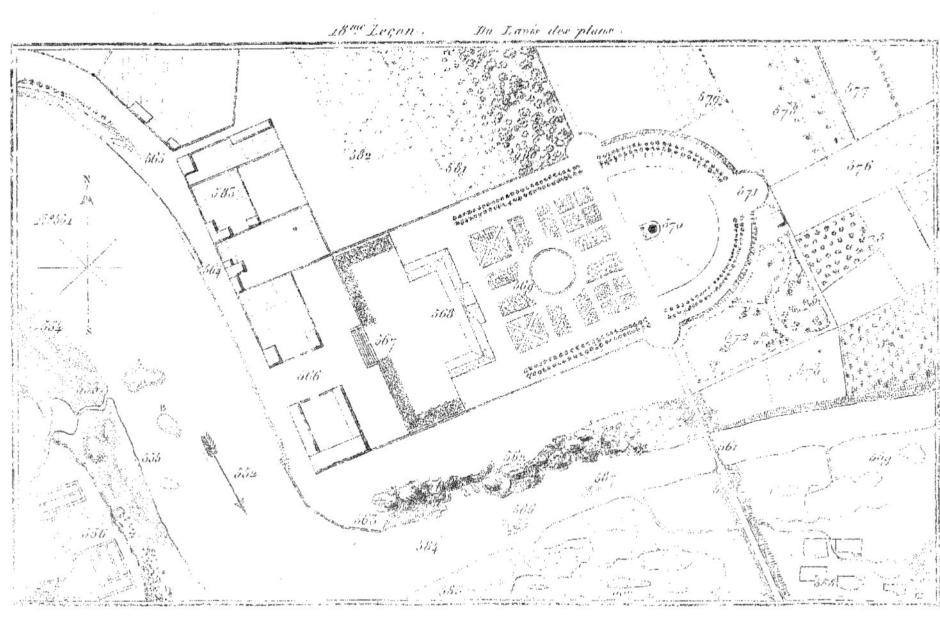

565
585
564
566
567
568
569
570
571
572
576
577
578
579
581
582
552
561
562
563
584

Leçon dix-huitième.

DU LAVIS DES PLANS TOPOGRAPHIQUES.

Le lavis des plans et cartes consiste à étendre des teintes de diverses couleurs pour faire ressortir chaque partie du plan.

Le dessin étant au trait, comme on a pu le voir au N° 492, tous les contours apparens des maisons, des bois, des montagnes, des cours d'eau, etc., y sont exprimés par un simple trait. On est convenu de laver les plans pour modeler et donner le relief au terrain, d'une manière agréable et pittoresque, par des teintes qui approchent de celles de la nature; par des nuances purement de convention, que l'œil juge quand il est exercé à lire un plan, car on n'a nullement l'intention de faire un paysage.

On commence par les teintes d'encre de Chine; on donne les ombres portées, on adoucit les talus et les glacis des montagnes, etc.; cela fait, on pose des teintes plates de couleur convenable à chaque objet que l'on veut exprimer.

Comme le lavis de la carte doit se rapprocher de la nature, et que la projection du dessin n'est nullement naturelle, puisqu'il n'y a que du géométral dans le dessin, il faut donc que les teintes soient également de convention.

Mélange des couleurs. Celles que l'on mêle pour obtenir des teintes sont :

Le rouge et le jaune qui forment l'orange.

Le jaune et le bleu qui font le vert.

Le bleu et le rouge qui font le violet (1).

Le noir, qui est l'encre de Chine, ne se mêle jamais.

Le bistre ou la sépia s'emploie isolément.

Les couleurs nécessaires pour laver un plan, sont :

Encre de Chine. On l'emploie noire pour mettre le dessin au trait; on l'obtient en frottant le bâton dans un godet avec un peu d'eau claire. L'encre séchée et rebroyée ne vaut rien, elle déteint lorsqu'on lave dessus; on a soin de répandre de l'eau sur son dessin avant que de laver, pour éviter que l'encre ne déteigne. Pour laver, on en prend une petite quantité que l'on met dans un godet, puis on l'étend avec de l'eau; il vaut mieux donner plusieurs teintes pâles que de faire noir tout de suite.

---

(1) Au moyen des mélanges des trois couleurs primitives, on peut rendre toutes les nuances que produit la nature.

Carmin, couleur rouge; on l'emploie pour mettre au trait les bâtimens, pour tracer des lignes d'axe sur un plan, pour laver les plans de bâtimens, pour mettre les coups de force qui donnent l'effet à un plan.

Bleu de Prusse et indigo. Le premier seul doit être employé pour les mélanges.

Jaune, gomme-gutte.

Bistre, couleur brune ; on l'emploie pour les teintes de terres.

Terre de Sienne brûlée, couleur chaude qui donne du brillant au plan.

Vermillon, couleur d'un rouge de feu.

De toutes ces couleurs, il n'y a que le vermillon qui soit opaque, c'est-à-dire, qui cache les traits sur lesquels on l'étend.

On trouve toutes ces couleurs en tablettes; elles sont toutes préparées; on les délaie, comme l'encre de Chine, au moment de s'en servir, dans un godet, avec de l'eau, puis on les emploie avec des pinceaux. Le prix de chaque tablette est de 75 centimes; le carmin excepté, qui vaut de 3 à 5 francs, suivant la grosseur et le degré de beauté.

Description de la planche lavée. Elle est supposée mise au trait, suivant les N° 516 et suiv. Sur un plan topographique, il ne faut jamais oublier de marquer l'échelle qui a servi à construire le plan. (Il n'y en a pas sur la planche, les objets étant une réunion idéale.)

N° 551. *Boussole*, pour faire voir l'orient du plan.

N° 552. *Flèche*, qui marque le courant de l'eau. On trace ces deux derniers objets dans les rivières ; cependant, lorsque la rivière est petite, on peut mettre la boussole dans l'angle du dessin, à côté du titre.

Des eaux et rivières. Leur lit est renfermé par deux lignes noires dont celle qui reçoit le jour est plus légère ; quelquefois les limites sont ponctuées pour exprimer le sable ; lorsque la rivière se confond avec un marais, la limite se fait avec des herbages. On lave les rivières, lacs et marais, avec une légère teinte de bleu que l'on met sur les bords et que l'on adoucit vers le milieu. Dans les marais, on donne quelques coups de pinceau horizontalement, pour indiquer l'eau qui n'est point courante.

N° 553. *Sable.* On lave le fond d'une couleur rougeâtre (gomme-gutte et carmin), on fait par-dessus un petit pointillé à la plume avec la même couleur un peu plus forte, pour imiter le sable et les cailloux. Les allées des jardins ont une couleur de sable sans pointillé.

A. *Banc de sable toujours découvert;* comme ci-dessus, pour le dessin et la couleur.

B. *Banc de sable qui couvre et découvre ;* comme ci-dessus, la teinte d'eau passe par-dessous.

N° 554. *Laisse de basse mer*, teinte d'eau que l'on réserve entre deux bancs de sable.

N° 555. *Laisse de la haute mer*, teinte d'eau que l'on réserve entre un banc de sable.

Dunes, coteaux de sable ; on exprime ces petits monticules avec de la teinte de sable ; on force un peu plus le côté de l'ombre.

N° 556. *Marais salans.* Une légère teinte de bleu sur les bords du côté de l'ombre.

N° 557. *Marais*, terrain aquatique qui ne produit que des joncs et des roseaux. Une légère teinte de bleu sur les bords, quelques lignes horizontales ; on fait avec du vert des herbages ; on emploie la plume ou le pinceau. Ils sont presque toujours entourés de prairies.

N° 558. *Tourbière*, endroit marécageux d'où l'on tire des mottes faites de terre bitumineuse. On l'exprime par des figures rectangulaires et irrégulières ; on les poche d'une légère teinte d'encre de Chine ou de bleu salie ; teinte d'eau dans les trous.

N° 559. *Vase.* Une légère teinte d'encre de Chine par-dessus un mélange de bleu, de jaune et de rouge : on laisse de distance en distance des mares d'eau.

N° 560. *Routes.* On les laisse de la couleur

du papier ainsi que tous les chemins de communication, les places et les voies publiques.

N° 561. *Pont en pierre.* On ne lave pas le dessus; le parapet reçoit une légère teinte de rouge; les ponts en bois une légère teinte de jaune ou de bistre.

N° 562. *Roches sur le bord de la mer.* On teinte d'encre de Chine le côté opposé à la lumière; on nuance de légères teintes de bistre, de vert, de jaune et de rouge vermillon; dans les ombres, de la terre de Sienne pour donner de la lumière et des brillans.

N° 563. *Quai.* Lorsqu'il est bordé d'un mur, on y met une légère teinte de carmin; lorsque c'est du bois, une teinte de bistre. Quelquefois il y a des lignes de pieux pour garantir la vase, ou le sable, ou bien les terres sont coupées en talus; alors on prend la teinte de sable ou de bois, suivant la nature de la chose.

Parapets. Par un trait rouge lorsqu'ils sont en maçonnerie.

Palissades, clôture en bois; par une ligne tracée avec du bistre.

N° 564. *Rampe*, chemin pratiqué dans les murs de quai; par une teinte légère de noir fondu: dans les talus de terre gazonnée elle reste blanche.

N° 565. *Abreuvoir*, chemin raboteux qui conduit à la rivière; quelques légères nuances de bistre fondu, du haut en bas.

N° 566. *Ferme*. Elle forme l'entrée d'un château. Les bâtimens et les murs se lavent d'une legère teinte de carmin; les cours, d'une légère teinte de sépia. On y réserve quelques petits jardins potagers.

N° 567. *Escalier*. Il reste blanc; une légère teinte de rouge sur les murs.

Terrasse. Une légère teinte de sépia; on y ajoutera une teinte d'encre de Chine si la cour ou la terrasse est pavée.

Berceaux et treillages. On les indique dans la forme de leur dessin; on indique les arceaux et les diagonales; on couvre le tout d'arbres et de verdure pictée de jaune et de rouge.

N° 568. *Maison, plan général*. Les maisons et plans de bâtimens appartenant à des particuliers se lavent d'une légère teinte de rouge: les édifices publics d'une teinte de rouge foncé. On est convenu d'exprimer les édifices publics en toit, c'est-à-dire par-dessus; on lave les toits couverts d'ardoises en bleu, et ceux couverts en tuiles avec du vermillon.

N° 569. *Jardins*. On les dessine suivant la nature des objets; on fait les plantations d'arbres, d'arbustes, des bordures s'il y en a. Les allées se lavent couleur de sable mélangée de jaune et de rouge; les arbres se pochent en vert, les planches se nuancent de petits traits de bistre, de jaune, de rouge et de vert; on leur donne un ton gai par la variation des couleurs.

Bassin, ou pièce d'eau. Une légère teinte de bleu avec quelques lignes horizontales de la même teinte, un peu plus foncée.

N° 570. *Gazon*, prairie artificielle; dans les plans à une petite échelle, on donne une légère teinte de vert; sur les plans à une grande échelle, on fait de petits points avec du vert plus foncé pour rendre l'herbage des prairies.

N° 571. *Charmille.* Elle ferme de certains jardins : souvent elle en tapisse le mur. (*Voy.* Haies, pour le lavis.)

Haies, murailles de verdure; elles font la clôture des jardins, des champs. On les exprime par de petites broussailles que l'on couvre de vert pâle et de vert foncé.

Buissons. Ils entourent les champs et les fossés; quelques légères broussailles que l'on poche en vert. (*Voy.* le N° 579.)

N° 572. *Jardins anglais.* On les fait avec quelques allées tortueuses qu'on lave couleur de sable; les massifs en couleur de gazon, et par-dessus, des bouquets d'arbres variés, que l'on poche en vert plus foncé.

N° 573. *Prairies.* Une légère teinte de vert-clair composé de bleu et de jaune; si le plan est à une grande échelle, on pictera la teinte de vert un peu plus foncé pour faire des brins d'herbes, mais toujours en masse et non en détail.

N° 574. *Vignes*. Le fond se fait avec une teinte légère de violet composé de carmin, de bleu et d'un peu de jaune. La plantation de la vigne, lorsqu'on l'exprime, se poche en vert. (N° 482.)

N° 575. *Vergers*. Le fond en vert de prairie, et les arbres pochés en vert foncé.

N° 576. *Terres labourées*. On donne une légère teinte de bistre, et quand elle est sèche on repasse avec le pinceau de légères hachures de bistre ; elles doivent imiter les terres cultivées à la charrue et propres à être ensemencées. Lorsque les terres sont ensemencées, on fait les hachures ; soit avec du vert, soit avec du jaune, parce qu'il y a toujours, dans l'été, des terres qui sont en blé vert, et d'autres dont les épis sont prêts à sécher ; d'autres labourées, ou en friche : il en résulte une variation de tons, de couleurs qu'il convient d'imiter.

N° 577. *Pièce de terre avec plantation d'arbres, fossés et haies*. (Pour la teinte, *voy*. le N° 576.)

N° 578. *Pièce de terre avec plantation en avenue, mais cultivée*. La moitié de la pièce est en chaume et l'autre en blé presque sec.

N° 579. *Pièce de terre entourée de buissons*. (Pour la teinte, *voy*. le N° 576.)

N° 580. *Forêt, bois de haute-futaie*. Les arbres étant massés, on couvre le fond de la forêt d'une légère teinte de vert, de bistre et de jaune; sur chaque masse d'arbres, un peu d'encre de Chine du côté de l'ombre, et une couche de vert par-dessus.

N° 581. *Bois, taillis.* La seule différence avec la forêt, c'est que les arbres sont moins épais, vu qu'on les coupe de temps en temps.

N° 582. *Bruyères, petits arbustes.* Le fond du terrain mélangé de rouge, vert et jaune pointillé de vert.

Broussailles. Les ronces et les épines qui croissent dans les mauvais terrains boisés; du jaune et du bleu pointillé de vert.

N° 583. *Propriété.* Maison, cour et jardin; la maison en rouge pâle, un coup de force du côté de l'ombre, une teinte de sépia sur les cours, et du vert sur les jardins; on fait un mélange d'un carré de verdure et de terre d'ombre et d'autre de jaune pour varier les cultures.

N° 584. *Bâtardeau ou digue pour retenir les eaux*, massif de maçonnerie ou de terre pour retenir les eaux; la maçonnerie s'exprime par une ligne rouge, et la terre par une ligne noire. Quelquefois les digues sont en charpente ou en fascines, on les exprime avec une ligne pleine en bistre; quelquefois on exprime la chute d'eau et le bouillonnement de l'eau. On réserve beaucoup de papier pour faire des blancs et donner quelques coups de pinceau avec du bleu sur lequel on revient par d'autres touches en tourbillon, le tout le plus léger possible.

N° 585. *Inondation*. On teinte cette partie du terrain un peu plus légère et l'on passe une teinte d'eau à la limite; on l'adoucit du côté de la rivière.

N° 586. *Roches toujours découvertes*. On les lave comme au N° 562.

N° 587. *Roche qui se couvre et découvre*. On passe la teinte d'eau par-dessus pour le dessin. (*Voy*. les N° 431, 432.)

Leçon dix-neuvième.

DES ÉCRITURES SUR LES PLANS, ET DES LÉGENDES.

Les cartes et plans ont besoin d'être expliqués par des signes connus, et réduits au plus petit nombre possible. Les écritures sont donc indispensables pour les titres et les légendes ; et sur les plans mêmes, pour expliquer ce que ceux-ci laissent d'incertain, ou ne peuvent exprimer. L'écriture est d'autant plus nécessaire, à côté des signes qui forment l'ensemble du plan, qu'ils ne sont pas connus de tout le monde ; et pourtant les plans et les cartes sont faits pour tous les yeux ; puis ces signes peuvent être moins précis sur des plans à une petite échelle.

On doit donc écrire sur un plan toutes les indications qui ne nuiront point à la netteté et à l'effet du dessin.

On emploie :

Pour les mots.	la majuscule	droite.
		penchée.
	la minuscule	droite.
		penchée.
Pour les chiffres,	l'arabe	droit.
		penché.
	le romain	droit.
		penché.

Ces caractères seront ceux de la typographie; et dans aucun cas on n'emploie, sur les cartes soignées, les caractères d'écriture, qui sont plus vagues, et qu'il est toujours plus difficile de rendre purs et uniformes.

On ne fera usage de ceux-ci que dans les reconnaissances et les croquis, dont l'exécution devra être très-rapide; alors, on remplacera les majuscules par la bâtarde; les minuscules, par la ronde et la petite bâtarde.

Les proportions des lettres doivent être variées en raison de la grandeur et de l'importance des objets, leur hauteur sera donc variable (1); l'intervalle des mots sera égal à la moitié de la hauteur du caractère; et quand il y

---

(1) *Le Mémorial topographique du dépôt de la guerre* donne un grand nombre de dimensions de caractères proportionnés à la grandeur des diverses échelles qui sont également en grand nombre, et trop compliquées pour être données dans cet ouvrage.

aura de la ponctuation, l'intervalle sera égal à la hauteur totale.

Les plus beaux caractères gravés et fondus sont ceux de MM. Didot. J'ai préféré les donner tels que l'auteur les a faits, plutôt que de les regraver pour les donner pour modèles ; j'en ai placé une assez grande quantité pour qu'on puisse prendre sans tâtonnement celui qu'il conviendrait pour en faire l'application sur le dessin ou pour les titres. Ces proportions peuvent s'appliquer à toutes les autres grandeurs ou dimensions d'écriture que l'on voudra employer.

Pour dessiner les écritures, il faut tracer avec le crayon deux lignes parallèles de la hauteur que l'on veut donner au corps de l'écriture, puis on formera les lettres avec le crayon, et lorsqu'elles seront bien espacées, ainsi que les mots, on les passera à l'encre avec la plume.

Voici les noms et l'application de quelques divers caractères dont on peut faire l'emploi.

N° 586 *bis. Gros-Romain, capitales droites*, pour les titres principaux. Les jambages pleins auront d'épaisseur un cinquième de la hauteur ; la largeur étant susceptible d'une grande variation, on devra consulter les modèles à cet égard.

N° 587 *bis. Gros-Romain, capitales penchées*, comme ci-dessus. Elles sont inclinées du haut en bas, et de droite à gauche, de deux à trois parties de la hauteur : on mélange des mots ou des lignes de capitales droites et de capitales penchées, pour donner de l'agrément et de la variation aux titres.

Les capitales droites et penchées n'ont jamais de majuscules dans les titres, la ponctuation équivaut à une lettre ; l'intervalle entre les mots est égal aux deux tiers de la hauteur d'une lettre.

N° 588 et 589. *Cicéro, capitales droites et penchées.*

N° 590. *Nonpareille, capitales droites et penchées.*

N° 591. *Parisienne romaine.* On l'emploie pour indiquer les renvois, et servir de signes dans les légendes des plans.

N° 592 et 593. *Petit-Canon, droit et penché*, pour les titres des légendes.

N° 594 et 595. *Gros-Romain, droit et penché*, pour les légendes, les noms particuliers des objets, tels que bourg de B....., village de C....., etc. Le mot commencera par une capitale.

N° 596 et 597. *Cicéro italique.*

N° 598 et 599. *Petit-Romain italique.*

N° 600 et 601. *Mignonne italique.*

N° 602 et 603. *Parisienne italique.*

N° 604. *Caractère gras, plein.*

N° 604 bis. *Caractère gras, à jour.*

N° 605. *Chiffres romains, droits et penchés.* Les mêmes proportions que les capitales.

N° 606. *Chiffres arabes, droits et penchés.*

N° 607. *Bâtarde.*

N° 608. *Ronde.*

N° 609. *Coulée.*

N° 610. *Anglaise.*

N° 611. *Gothique.*

XIXe LEÇON.

N° 586. A B C D E F G H I J K L M N O P Q R S T U V X Y Z.

N° 587. *A B C D E F G H I J K L M N O P Q R S T U V X Y Z.*

N° 588. ABCDEFGHIJKLMNOPQRSTUVXYZ. N° 589. *ABCDEFGHIJKLMNOPQRSTUVXYZ.*

N° 590. ABCDEFGHIJKLMNOPQRSTUVXYZ. N° 595. *ABCDEFGHIJKLMNOPQRSTUVXYZ.*

N° 592. ABCDEFGHIJKLMNOPQRSTUVXYZ.

N° 593. *ABCDEFGHIJKLMNOPQRSTUVXYZ.*

N° 594. A B C D E F G H I J K L M N O P Q R S T U V X Y Z.

N° 595. *A B C D E F G H I J K L M N O P Q R S T U V X Y Z.*

N° 588. ABCDEFGHIJKLMNOPQRSTUVXYZ. N° 589. *ABCDEFGHIJKLMNOPQRSTUVXYZ.*

N° 598. ABCDEFGHIJKLMNOPQRSTUVXYZ. N° 599. *ABCDEFGHIJKLMNOPQRSTUVXYZ.*

N° 600. ABCDEFGHIJKLMNOPQRSTUVXYZ. N° 601. *ABCDEFGHIJKLMNOPQRSTUVXYZ.*

N° 591. ABCDEFGHIJKLMNOPQRSTUVXYZ. N° *ABCDEFGHIJKLMNOPQRSTUVXYZ.*

N° 605. **ABCDEFGHIJKLMNOPQRSTUVXYZ.**

N° 604. **A B C D E F G H I J K L M N O P Q R S T U V X Y Z.**

N° 505. I II III IV V VI VII VIII IX X. *I II III IV V VI VII VIII IX X.*

N° 608. 1 2 3 4 5 6 7 8 9 0. *1 2 3 4 5 6 7 8 9 0.*

SUITE DE LA XIXe LEÇON.

BATARDE.

A B C D E F G H I J K L M N O P Q R S T U V X Y Z.

a b c d e f g h i j k l m n o p q r s t u v x y z.

RONDE.

A B C D E F G H I K L M N O P Q R S T U V X Y Z.

a b c d e f g h i j k l m n o p q r s t u v x y z.

COULÉE.

Pour cet Article, on emploie le caractère d'écriture dit *Coulée*.

ANGLAISE.

A B C D E F G H I K L M N O P Q R S T

U V X Y Z. abcdefghijklmnopqrstuvxyz.

GOTHIQUE.

A B C D E F G H I K L M N O P

Q R S T U V X Y Z.

a b c d e f g h i j k l m n o p q r s t u v x y z.

Leçon vingtième.

ARITHMÉTIQUE.

L'ARITHMÉTIQUE est la science des nombres : elle en considère la nature et les propriétés ; et son but est de donner des moyens faciles, tant pour représenter les nombres que pour les composer et les décomposer, ce qu'on appelle *calculer:* pour se former une idée exacte des nombres, il faut d'abord savoir ce qu'on entend par *unité.* L'unité est une quantité que l'on prend (le plus souvent arbitrairement) pour servir de terme de comparaison à toutes les quantités d'une même espèce : ainsi lorsqu'on dit un terrain contient 12 *arpens* ou 24 *mètres*, l'arpent ou le mètre est l'unité.

Le nombre exprime de combien d'unités ou de parties d'unité une quantité est composée. Si la quantité est composée d'unités entières, le nombre qui l'exprime s'appelle *nombre entier,* et si elle est composée d'unités entières et de portion de l'unité, ou simplement de portion de l'unité, alors le nombre est dit *fractionnaire* ou *fraction.*

Des opérations de l'arithmétique. Ajouter, soustraire, multiplier et diviser, sont les quatre opérations fondamentales de l'arithmétique. Toutes les questions que l'on peut proposer sur les nombres se réduisent à pratiquer quelques-unes de ces opérations. Il est donc bien utile de se les rendre familières, et d'en bien saisir l'esprit avant que de passer aux *fractions*, aux *racines*, aux *proportions et progressions arithmétiques*, à la règle de *trois*, et à la règle de *société* qui suivent.

L'arithmétique décimale s'exécute par une suite de dix caractères, de manière que la progression va de dix en dix; telle est notre numération: 0, 1, 2, 3, 4, 5, 6, 7, 8, 9, après quoi on recommence par 10, 11, 12, etc.

0 zéro.	10 dix.	20 vingt.	300 trois c.
1 un.	11 onze.	30 trente.	400
2 deux.	12 douze.	40 quarante.	500
3 trois.	13 treize.	50 cinquante.	600
4 quatre.	14 quatorze.	60 soixante.	700
5 cinq.	15 quinze.	70 soixante-dix.	800
6 six.	16 seize.	80 quatre-vingts.	900
7 sept.	17 dix-sept.	90 quatre-vingt-dix.	1000 mille.
8 huit.	18 dix-huit.	100 cent.	2000
9 neuf.	19 dix-neuf.	200 deux cents.	3000

Le zéro, quand il est seul, ne signifie rien. Pour compter au-delà de neuf, on est convenu que de dix unités, on ferait une dixaine, et de dix dixaines, une centaine.

Tout chiffre placé au second rang, c'est-à-dire suivi d'un zéro ou d'un autre chiffre, vaut des dixaines. Tout chiffre placé au troisième rang vaut des centaines. Les chiffres placés ainsi 3 4 1 expriment trois cent quarante-un. Ces trois chiffres placés ainsi, s'appellent la tranche des unités; trois chiffres placés à gauche de la tranche des unités, comme 124, 341 composent la tranche des mille. Pour former cette tranche, on est convenu que de dix unités de mille, on ferait une dixaine de mille, et de dix dixaines de mille, une centaine de mille.

DE L'ADDITION.

L'*addition* sert à trouver le total de plusieurs nombres que l'on veut réunir ensemble. Il faut écrire les nombres de manière que les unités soient sous les unités, les dixaines sous les dixaines, et tirer un trait au-dessous pour y écrire le produit. En voici trois exemples:

6	14	24,50
8	716	60,15
14	730	84,65

Je dis 6 et 8 font 14, que j'écris sous la colonne des unités.

Dans le second exemple il s'agit d'ajouter ensemble les nombres 14 et 716. Je les écris suivant la règle et je dis: 4 et 6 font 10, j'écris 0 sous la colonne des unités, et je retiens un. Je passe à la colonne des dixaines, et je dis : 1 et 1 font 2, et 1 de retenu font 3, que j'écris. Je passe à la colonne des centaines et je trouve 7 seul, je l'écris au-dessous de cette colonne. Ainsi le total des deux nombres est de 730.

Ajouter ensemble des décimales. Un des avantages du calcul décimal est de faire disparaître cette complication en ramenant tous les nombres à la méthode des nombres entiers ou nombres simples.

On appelle décimales ou fractions décimales les parties d'un tout divisé en dixièmes, centièmes, millièmes, dix millièmes, etc.

Si la quantité à additionner ne contient que des décimales, sans nombre entier, elles s'écrivent après un zéro qui désigne la place des entiers; 0,15 signifie quinze centièmes, ou 0^{m}, 15, 15 centimètres. Il pourrait n'y avoir pas de dixièmes dans les fractions à exprimer, comme dans 0,05; neuf millièmes s'écrivent 0,009. Le zéro que l'on ajoute à la droite des décimales n'en change aucunement la valeur; ainsi : 0,5, 0,50, 0,500 sont absolument la même chose. On conçoit en effet que 50 centièmes équivalent à 5 dixièmes ou à 500 millièmes.

Si l'on voulait additionner,

	6 mètres.	8 décimètres.	4 centimètres.	2 millimètres.
avec	5	9	6	7
le total serait	12	8	0	9

on écrirait ainsi les quantités :

$$\begin{array}{r} 6,842 \\ 5,967 \\ \hline 12,809 \end{array}$$

et le total serait égal au premier.

On voit que l'addition se fait d'après les mêmes principes que si les nombres ne contenaient que des entiers ; il faut seulement faire attention d'écrire ces nombres les uns sous les autres, de manière que les unités et décimales du même ordre, et par conséquent les points décimaux se correspondent dans une même colonne verticale.

Lorsque le résultat de l'addition ou de la soustraction est trouvé, l'on y place le point décimal comme l'indique l'exemple ci-dessus.

DE LA SOUSTRACTION.

La *soustraction* sert à trouver la différence de deux nombres. Pour connaître la différence de deux nombres, il faut retrancher le plus petit du plus grand : le résultat de cette opération est la différence cherchée. Lorsque les nombres sont simples, on n'a pas besoin de les écrire.

Trouver la différence de deux nombres composés, tel que 434 et 125. Il faut écrire le plus petit nombre au-dessous du plus grand, de manière que les unités soient sous les unités, les dixaines sous les dixaines, les centaines sous les centaines, etc. On tire un trait au-dessous, comme il suit :

$$\begin{array}{r} 486 \\ 125 \\ \hline 361 \end{array}$$

Je dis 5 ôté de 6 reste 1, que j'écris sous la colonne. Je passe à la colonne des dixaines en disant 2 de 8 reste 6, que j'écris sous cette même colonne. Pour la colonne des centaines, je dis 1 de 4 reste 3, et la différence cherchée est 361.

Autre exemple où j'ai prévu les cas de retenue :

$$\begin{array}{r} 64042 \\ 9905 \\ \hline 54137 \end{array}$$

Les nombres étant écrits, je dis 5 de 2, et comme cela ne se peut, j'ajoute à 2 dix unités que j'emprunte en prenant une unité sur son voisin 4, et j'ai 12; je dis 5 de douze, reste 7, que j'écris sous la colonne des unités. Je passe à la colonne des dixaines; comme j'ai augmenté le chiffre 2 d'une unité empruntée, je diminue 1 de 4, et je dis, 0 de 3 reste 3; ensuite, 9 de 0 cela ne se peut; je dis 9 de 10 reste 1 que j'écris; ensuite 9 de 3, car le 4 ne vaut plus que 3, j'emprunte à 6 une unité qui vaut dix, je l'ajoute à 3, et je dis, 9 de 13 reste 4, puis j'abaisse les 5 restant du chiffre 6. Il en sera de même pour tout autre nombre.

DE LA MULTIPLICATION.

La *multiplication* est une addition abrégée par laquelle on ajoute un nombre autant de fois à lui-même qu'il y a d'unités dans un autre nombre. Ainsi, pour multiplier 4 par 4, on n'aura pas besoin de l'écrire, mais si les nombres sont composés, par exemple : 456 par 37, il faut écrire les deux facteurs l'un sous l'autre, comme on le voit ici :

Multiplicande.	456
Multiplicateur.	37
	3192
	1368
	16872

Je dis 7 fois 6 font 42; j'écris 2 au-dessous et je retiens 4; 7 fois 5 font 35 et 4 de retenue font 39, je pose 9 et retiens 3; 7 fois 4 font 28, et 3 de retenue font 31, je pose 1 et j'avance 3.

Je passe aux dixaines du multiplicateur et je dis 3 fois 6 font 18, j'écris 8 au-dessous des dixaines, et je retiens 1; 3 fois 5 font 15, et 1 de retenue font 16, j'écris 6 et je retiens 1; 3 fois 4 font 12, et 1 de retenue font 13 que j'écris de suite. Je fais l'addition des produits partiels, et je trouve pour produit total 16872.

Pour connaître si l'on ne s'est pas trompé dans la multiplication, il faut la recommencer, en prenant pour multiplicande le nombre qui a servi de multiplicateur. L'opération faite, le résultat doit être le même.

Application. Déterminer la surface d'un rectangle qui aurait pour base 206^{m}65^{c} de côté, sur 165^{m}8^{c}. On écrira les nombres décimaux comme si c'étaient des nombres entiers; on multipliera comme ci-dessus. *Il suffira dans le produit de séparer par le point décimal, autant de chiffres que l'on compte de décimales dans le multiplicateur et le multiplicande ensemble.*

On trouve donc au produit 34262,570, dont il faudra séparer trois chiffres décimaux dans le produit, parce qu'il y en a deux dans le multiplicande et un dans le multiplicateur.

On aura 34,262^{m}570^{c} de surface. On peut retrancher le chiffre de droite qui est superflu et conserver les deux chiffres de droite si l'on n'a besoin que de centièmes ; on conserve le tout si l'on a besoin de millièmes.

```
      20665
       1658
    -------
     165320
    103325
   123990
   20665
  ---------
  34262,570
```

Pour multiplier un nombre simple, il est bon de connaître les produits des nombres simples que l'on trouve dans la table de multiplication de Pythagore, ci-jointe.

1	2	3	4	5	6	7	8	9
2	4	6	8	10	12	14	16	18
3	6	9	12	15	18	21	24	27
4	8	12	16	20	24	28	32	36
5	10	15	20	25	30	35	40	45
6	12	18	24	30	36	42	48	54
7	14	21	28	35	42	49	56	63
8	16	24	32	40	48	56	64	72
9	18	27	36	45	54	63	72	81

DE LA DIVISION.

La *division* est une soustraction abrégée qui sert à trouver, d'une manière expéditive, combien de fois un nombre en contient un autre : par exemple, en disant, en 8 combien de fois 4, on voit de suite que ce nombre 4 peut être ôté deux fois de 8.

Diviser un nombre composé de trois chiffres par un nombre simple. Il faut écrire le diviseur à la droite du dividende en séparant ces deux nombres par un trait vertical, puis tirer un autre trait sous le diviseur, et écrire au-dessous de ce trait les chiffres du quotient à mesure qu'on les trouvera. Exemple :

Dividende 468	5 diviseur.
18	$93\frac{3}{5}$ quotient.
3	

Je prends pour premier dividende partiel les 46 entiers du dividende 468 (1), et je dis, en 46 combien de fois 5 ? 9. J'écris 9 au-dessous du trait, ensuite je dis 9 multiplié par 5 égale 45,

(1) Lorsque le premier chiffre du dividende total contient le diviseur, il ne faut prendre que ce seul chiffre pour dividende partiel. Pour éviter toute méprise, il faut avoir soin de marquer d'un point le chiffre qu'on abaisse.

que j'ôte du dividende partiel 46 ; il reste 1 que je pose au-dessous du 6 : J'abaisse le 8, ce qui me donne 18 pour second dividende partiel ; je dis donc en 18 combien de fois 5 ? 3 ; j'écris 3 au quotient, puis je dis 3 fois 5 font 15, de 18 reste 3 ; le reste trois ne pouvant être divisé par 5, on écrira ce reste $\frac{3}{5}$ à la suite, ce qui donnera pour résultat 93 $\frac{3}{5}$.

Si le dividende et le diviseur étaient terminés par des zéros, on pourrait en supprimer à l'un et à l'autre nombre, autant qu'il y en a à la suite de celui qui en a le moins, et l'on diviserait la partie restante du diviseur.

Division des décimales. La règle à suivre est fondée sur ce principe, que si l'on multiplie ou si l'on divise par une même quantité les deux termes d'une division avant de l'effectuer, on ne change pas la valeur du quotient.

Si les deux termes ont le même nombre de décimales, on supprimera le point dans chacun d'eux, et l'on opérera comme sur des nombres entiers. Exemple : pour diviser 120.62 par 34.15, on procédera comme s'il s'agissait de faire la division de 12062 par 3415.

S'il y a plus de décimales dans un terme que dans l'autre, on les égalisera en ajoutant des zéros aux décimale les moins nombreuses, ce qui n'en altère pas la valeur, et l'on supprimera ensuite de part et d'autre le point décimal ;

exemple : 247.2 étant à diviser par 57.83, on opérera comme pour diviser 24720 par 5783 ; et si l'on a 158.95 à diviser par 27.8, on opérera comme pour diviser 15895 par 2780.

Enfin lorsqu'il ne se trouve des décimales que dans l'un des deux nombres, on supprime le point, et l'on ajoute à l'autre autant de zéros qu'il y avait de décimales au premier, exemple : 2000 à diviser par 14.25, se considérera comme 200000 à diviser par 1425 ; et 217.18 par 12, comme 21718 à diviser par 1200.

La plupart des opérations de commerce sont analogues à l'exemple ci-dessous.

Pour 2000 fr. combien aura-t-on de pieds d'arbres à 2 fr. 30 ? On figurera les nombres, puis on opérera comme à la première règle, jusqu'à ce que la règle soit terminée. S'il reste une fraction plus petite que 230, on l'écrira entre parenthèse : dans l'exemple il reste 130. Si je retranche les deux chiffres de droite, il me reste 1 fr., somme moindre que 2 fr. 30 c., et qui ne peut rien produire au quotient ; on l'écrit pour mémoire.

2000,00	230
160 0	869
22 00	
(130)	

Supposons que la question fût faite en francs,

en kilogrammes ou en mètres, et qu'on voulût prolonger plus loin les centièmes : je reprends l'opération et j'ajoute deux zéros à la fraction restante que je suppose comme dans l'exemple de 130 ; je divise 13000 par 230, j'aurai 56 centièmes, ou 56 décagrammes si j'ai opéré sur des kilogrammes, ou bien 56 centimètres si j'opère sur des mètres : j'ajoute cette fraction à 869, de cette manière, 869,56, sauf à placer au-dessus la désignation de franc, kilogramme ou mètre, suivant que l'on aura opéré.

200000	230
1600	869,56
2200	
13000	
1500	
120	

Il reste encore une fraction 120 que l'on peut négliger ou prolonger au besoin, en y ajoutant deux zéros pour continuer la division. On aurait soin d'ajouter une virgule après la quantité trouvée 869,56. On voit que l'adjonction de deux zéros à 130, a multiplié le dividende par 100, et que le placement du point a divisé le quotient par la même quantité ; donc, la valeur que devait avoir le quotient ne se trouve pas altérée. Il est évident que l'on aurait pu, avant de commencer l'opération, augmenter le dividende primitif de deux zéros et que cela serait revenu parfaitement au même. De là se déduit cette règle bien aisée à retenir. Lorsque l'on opère sur des nombres entiers, ou que, par un égal nombre de décimales, les deux nombres sont dans le cas d'être divisés comme entiers, il faut ajouter au dividende autant de zéros qu'on veut avoir de décimales au quotient.

Il s'ensuit aussi que si le diviseur n'a pas de décimales, ou en a moins que le dividende, on peut opérer la division comme sur des nombres entiers, en observant seulement de séparer au quotient, par le point, autant de décimales que le dividende en a de plus que le diviseur.

DES FRACTIONS.

On appelle fractions les quantités plus petites que l'unité : une moitié, deux tiers, trois quarts, six huitièmes, etc., sont des fractions que l'on écrit ainsi (1), $\frac{1}{2}$, $\frac{2}{3}$, $\frac{3}{4}$, $\frac{6}{8}$, etc. Le nombre supérieur se nomme *numérateur*, parce qu'il marque le nombre des parties que l'on prend, et le nombre inférieur s'appelle *déno-*

---

(1) On emploie, dans les diverses opérations, des figures qui abrégent les écritures :

Pour écrire

a plus *b*, ou 6 plus 4, on écrit $a + b$, $6 + 4$ égale 10.
a moins *b*, ou 8 moins 4, on écrit $a - b$, $8 - 4$ égale 4.
a égale *b*, ou 6 égale 4, on écrit $a = b$, $6 = 4 + 2$.

minateur, parce qu'il désigne l'espèce de ces parties. Ainsi dans l'expression $\frac{4}{5}$, le chiffre 4, qui est le numérateur, indique que l'on prend quatre parties, et ce chiffre 5, qui est le dénominateur, marque que ce sont des cinquièmes.

Le numérateur et le dénominateur, considérés ensemble, se nomment les deux termes de la fraction ; quand les deux termes sont égaux, la fraction vaut l'unité : $\frac{3}{3}$ ou $\frac{12}{12}$ égalent un entier.

Si l'on *multiplie* le numérateur d'une fraction par un entier, on rend la fraction plus grande. Ainsi en multipliant le numérateur de la fraction $\frac{1}{2}$ par 2, elle devient la fraction $\frac{2}{2}$ qui est double de $\frac{1}{2}$.

Au contraire, si l'on multiplie le dénominateur d'une fraction par un entier, la fraction deviendra plus petite ; ainsi en multipliant par 2 le dénominateur de la fraction $\frac{1}{2}$, elle devient la fraction $\frac{1}{4}$ qui n'est que la moitié de la fraction $\frac{1}{2}$.

Addition. Pour ajouter ensemble des fractions

---

a multiplié par b, ou 6 multiplié par 6, $a \times b$, $6 \times 6 = 36$.

a divisé par b, ou 12 divisé par 4, $\frac{a}{b}$ ou $\frac{12}{4} = 3$.

Les fractions ½, ⅔, ¾, se prononcent : *une moitié, deux tiers, trois quarts*.

Le rapport géométrique est à 12 comme 8 est à 16. On écrit, 6 : 12 : : 8 : 16.

qui ont le même dénominateur, il faut prendre la somme des numérateurs, et donner à cette somme le dénominateur commun; ainsi en ajoutant $\frac{3}{5}$ à $\frac{1}{5}$ j'ai pour somme $\frac{4}{5}$.

Si les fractions n'ont pas le même dénominateur, il faut les y réduire avant de les additionner; ainsi pour trouver la somme des fractions $\frac{2}{3}$, $\frac{3}{4}$, je les réduis d'abord au même dénominateur, et j'ai $\frac{8}{12}$, $\frac{9}{12}$; j'ajoute les numérateurs, ce qui me donne pour somme $\frac{17}{12}$ ou $1\frac{5}{12}$.

Soustraction. Pour soustraire une fraction d'une autre fraction qui a le même dénominateur, il faut retrancher le plus petit numérateur du plus grand, et donner au reste le dénominateur commun. Par exemple $\frac{3}{5}$ moins $\frac{1}{5}$ égale $\frac{2}{5}$.

Si les fractions n'ont pas le même dénominateur, il faut les y réduire avant de prendre la différence des numérateurs, comme on l'a fait pour l'addition; ainsi pour ôter $\frac{1}{4}$ de $\frac{2}{5}$, je réduis ces deux fractions à celles-ci, $\frac{5}{20}$, $\frac{8}{20}$, et j'ai $\frac{8}{20}$ moins $\frac{5}{20}$, égale $\frac{3}{20}$.

Multiplication. Pour multiplier une fraction par un nombre entier, il faut multiplier le numérateur de cette fraction par l'entier, et ne rien changer au dénominateur.

Par exemple, pour multiplier $\frac{3}{11}$ par 2, je multiplie le numérateur 3 par 2, ce qui donne

6, et laissant le dénominateur 11 tel qu'il est, j'ai $\frac{6}{11}$ pour produit, puisque 2 fois $\frac{3}{11}$ valent $\frac{6}{11}$. Autre exemple:

$$4 \times \frac{3}{5} = \frac{4}{1} \times \frac{3}{5} = \frac{12}{1 \times 5} = \frac{12}{5}.$$

S'il s'agit de diviser une fraction par un entier, il faut multiplier le dénominateur de la fraction par l'entier, sans rien changer au numérateur; ainsi pour diviser la fraction $\frac{1}{2}$ par 2, je multiplie le dénominateur 2 par 2, et laissant le numérateur 1 tel qu'il est, j'ai $\frac{1}{4}$ pour quotient. Si l'on partage une moitié en deux parties égales, on aura évidemment $\frac{1}{4}$ pour la valeur de chacune de ces parties.

Pour multiplier une fraction par une fraction il faut, 1° multiplier le numérateur de la première par le numérateur de la seconde, ce qui donne le numérateur du produit; 2° multiplier le dénominateur de la première par le dénominateur de la seconde, ce qui donne le dénominateur du produit.

Ainsi pour multiplier $\frac{2}{3}$ par $\frac{4}{5}$, je dis 4 fois 2 font 8, et c'est le numérateur du produit, puis 5 fois trois font 15, et c'est le dénominateur du produit; le produit est donc $\frac{8}{15}$. Voici la raison de la règle: si je multiplie $\frac{2}{3}$ par l'entier 4, j'aurai pour produit $\frac{8}{3}$; mais ce produit est 5 fois plus grand, puisque je ne devais multiplier que par le cinquième de 4 : donc il faut prendre le cinquième, c'est-à-dire le diviser par 5, ce qui se fait en multipliant le dénominateur par 5.

Division. Pour diviser une fraction par une fraction, il faut réduire ces deux fractions au même dénominateur, supprimer le dénominateur commun, et faire une fraction qui ait, pour numérateur, le numérateur de la fraction dividende, et pour dénominateur le numérateur de la fraction diviseur ; ce sera le vrai quotient. On peut aussi renverser les deux termes de la fraction qui sert de diviseur et multiplier la fraction dividende par cette fraction ainsi renversée.

Pour diviser $\frac{4}{5}$ par $\frac{2}{3}$, je renverse la fraction $\frac{2}{3}$, ce qui me donne $\frac{2}{3}$; je multiplie $\frac{4}{5}$ par $\frac{3}{2}$ et j'ai $\frac{12}{10}$ ou $1\ \frac{2}{10}$ pour le quotient de $\frac{4}{5}$ divisé par $\frac{2}{3}$.

La raison de cette règle, est qu'il faut diviser $\frac{4}{5}$ par $\frac{2}{3}$, c'est chercher combien de fois $\frac{4}{5}$ contiennent $\frac{2}{3}$: on voit que puisque le diviseur est $\frac{2}{3}$, il sera contenu dans le dividende trois fois autant que s'il était 2 entiers, donc il faut diviser d'abord par 2 et multiplier par 3, ce qui n'est autre chose que prendre trois fois la moitié du dividende ou le multiplier pour $\frac{3}{2}$ qui est la fraction diviseur renversée.

Soit le nombre 3 à diviser par la fraction $\frac{5}{6}$; l'opération revient à multiplier 3 par $\frac{5}{6}$, ce qui donne $\frac{18}{5}$ pour le quotient cherché. Qu'il faille diviser $\frac{7}{9}$ par $\frac{3}{5}$, l'opération se réduit à multiplier $\frac{7}{9}$ par $\frac{5}{3}$, ce qui donne $\frac{35}{27}$ pour le quotient cherché.

Pour diviser 4 par $\frac{3}{7}$, je réduis 4 au dénominateur 7, ce qui donne $\frac{28}{7}$; ensuite je forme une fraction à laquelle je donne 28 pour numérateur, et 3 pour dénominateur; le quotient cherché est donc $\frac{28}{3}$. On voit qu'on obtient les mêmes résultats en multipliant le dividende par la fraction diviseur renversée, car $\frac{2}{3}$ multipliés par $\frac{5}{4}$, égalent $\frac{10}{12}$; et 4 multiplié par $\frac{7}{3}$, égale $\frac{28}{3}$. *Pour diviser un nombre par une fraction, il suffit de la multiplier par la fraction renversée.*

Toutes les fois qu'il se trouve des entiers mêlés avec des fractions, il faut, avant de faire aucune opération, réduire chaque entier au dénominateur de la fraction qui l'accompagne.

Remarque. Les restes des divisions sont des fractions, car si l'on divise 14 par 3, on aura pour quotient 4 avec un reste 2 qu'il faut partager en 3; par conséquent 14 : 3, égale 4 $\frac{2}{3}$.

Des fractions décimales. Elles ont pour dénominateur l'unité suivie d'un ou de plusieurs zéros. On sous-entend le dénominateur, et on n'écrit que le numérateur, mais on a soin de mettre les chiffres du numérateur à la suite d'une virgule ou d'un point, pour les distinguer des nombres entiers : ainsi $\frac{4}{10}$ égale 4, ou 4 égale 0, 4 ou 0. 4, en faisant occuper par un zéro la place des entiers. 1 $\frac{35}{100}$ égal 1, 35, ou 1. 35.

Il est aisé de déterminer la valeur des chiffres qui suivent la virgule ou le point. Le premier chiffre à droite après la virgule ou le point vaut des dixièmes; le second des centièmes, le troisième des millièmes, le quatrième des dix millièmes, etc. Ainsi, pour énoncer le nombre 36,457, on observera que le chiffre 4 exprime $\frac{4}{10}$ ou $\frac{400}{1000}$ que le chiffre 5 exprime $\frac{5}{100}$ ou $\frac{50}{1000}$; on prononcera donc trente-six entiers quatre cent cinquante-sept millièmes.

En mettant des zéros à la suite du dernier chiffre à droite d'une fraction décimale, on ne change pas la valeur de cette fraction, parce que le numérateur et le dénominateur se trouvent alors multipliés par un même nombre; ainsi 0, 1 égale 0,10, égale 0,100, etc.

Conversion des fractions ordinaires en fractions décimales. La fraction $\frac{5}{6}$ indique la division de 5 par 6, et comme elle ne peut pas se faire en nombres entiers, on ajoutera à 5 autant de zéros que l'on voudra avoir de décimales; par exemple : deux, pour avoir des centièmes, comme il suit :

500	6
20	83
2	

La valeur de la fraction $\frac{5}{6}$ est ainsi de 83 centièmes ou 0,83, et il ne s'en faut pas d'un centième que son exactitude ne soit rigoureuse.

L'addition, *la soustraction*, *la multiplication* et *la division des fractions décimales* se font comme on l'a indiqué aux règles *addition*, etc.

DES NOMBRES COMPLEXES.

Je ne parlerai que de la toise, parce qu'elle seule intéresse dans cet ouvrage. Addition des toises, pieds, pouces, lignes et points.

54to	5^{p}	10°	8^{l}	7^{pt}
35	2	9	11	8
90	2	8	8	3

Pour ajouter ensemble des nombres complexes, j'écris ces nombres les uns sous les autres, de manière que les unités de même espèce soient en colonne, puis je prends la somme de ces deux nombres, en commençant par la colonne des points. Comme il faut 12 points pour faire une ligne, j'ajoute en même temps les dixaines des points; la somme des points est 15, je pose 3 et je retiens 1 pour l'ajouter à la colonne des lignes.

Passant à la colonne des lignes, je dis 8 et 11 font 19, un de retenu 20, je pose 8 et je retiens 1 que j'ajoute à la colonne des pouces;

ainsi 10 et 1 font 11 et 9 font 20, j'écris 8 et je retiens 1 pour l'ajouter à la colonne des pieds; 5 et 1 de retenu font 6 et 2 font 8; en 8 il y a 1to 2^{p}, j'écris les deux pieds et je reporte 1to à la colonne des toises, et je dis 4 et 1 font 5 et 5 font 10, je pose 0 et je retiens 1; je reprends 5 et 1 font 6 et 3 font 9 que je pose. Le total est de 90^{t} 2^{p}, 8°, 10^{l}, 3^{pts}.

Soustraire 15to, 2^{p}, 6°, 2^{l}, de 48to, 0^{p}, 10°, 0^{l}, 6^{p}. J'écris le plus petit nombre sous le plus grand, en faisant correspondre les unités de même espèce et je retranche toutes les parties du nombre inférieur de toutes les parties correspondantes du nombre supérieur, en commençant par les unités du plus bas ordre. Je dis 0 de 6, et comme le zéro n'a point de valeur, j'écris le 6. Je passe à la colonne des lignes; 2 de 0 cela ne se peut, j'emprunte 1 pouce qui vaut 12 et je dis, 2 de 12 il reste 10 que j'écris. Je reprends 6 de 9 (car les 10° ne valent plus que 9) reste 3 que j'écris. Ensuite je dis 2 de 0 cela ne se peut, j'ajoute une toise qui vaut 6 pieds et je dis 2 de 6 il reste 4 que j'écris. Je continue comme à l'ordinaire, 7 de 5 reste 2, 1 de 4 reste 3. Le résultat est 32^{t}, 4^{p}, 3°, 10^{l}, 6^{pts}.

43^{t}	0^{p}	10°	0^{l}	6^{pts}
15	2	6	2	0
32	4	3	10	6

Multiplier un nombre complexe par un autre. Soient proposées à multiplier 36 toises 4 pieds 6 pouces 8 lignes, par 6 toises 3 pieds 4 pouces 6 lignes. J'écris les deux nombres ainsi qu'il suit :

	36^t	4^p	6°	8^l
	6	3	4	6
	220	3	4	0
Pour 3 pieds. . . .	18	2	3	4
Pour 4 pouces. . .	2	0	3	0 $\frac{4}{9}$
Pour 6 lignes. . .	0	1	6	4 $\frac{8}{9}$
Produit.	241	1	4	9

et je dis 6 fois 8 font 48 lignes ou 4 pouces que l'on retient; 6 fois 6 font 36 pouces et 4 de retenus font 40, ou 3 pieds 4 pouces, j'écris 4 et je retiens 3; 6 fois 4 font 24 et 3 de retenus font 27 ou 4 toises 3 pieds, j'écris 3 pieds et je retiens 4 toises; 6 fois 6 font 36 et 4 de retenus font 40, j'écris o et je retiens 4; 6 fois 3 font 18 et 4 de retenus font 22 que je pose.

Il reste à multiplier par 3 pieds, qui est la moitié d'une toise, qui est la moitié du produit; ainsi la moitié de 36 est de 18, celle de 4 est de 2, etc. De même 4 pouces n'étant que le $\frac{1}{9}$ de 36, ne doit donner que le $\frac{1}{9}$ de ce produit, qui sera de 2^t, 0^p, 3°, 0^l, $\frac{4}{9}$; on aura de même pour les 6 lignes, en observant qu'elles ne sont que le $\frac{1}{8}$ de 48, et ne doivent donner que le $\frac{1}{8}$ de ce produit, qui est 1^p, 6°, 4^l $\frac{5}{9}$.

Additionnant ensuite tous ces produits ensemble, j'ai pour total 241^t, 1^p, 4°, 9^l.

Une pièce de terre a 54 perches de long sur 17 de large, combien contient-elle?

Je multiplie la longueur par la largeur et le produit par la hauteur. (*Voy.* le n° 232 et l'article précédent), où il y a plusieurs applications.

Toisé des solides. Pour les parallélipipèdes, on multiplie la longueur par la largeur, et le produit par la hauteur, sera la solidité demandée. (*Voy.* pour tous les solides la sixième leçon.)

Combien coûterait une pièce de bois de 4^m50^c à 28^f70^c le mètre? On multipliera ces deux nombres l'un par l'autre, et le produit sera 129^f 15^c.

Déterminer combien contient d'arpens une pièce de terre de 58 *perches de longueur sur* 18 *de largeur.* L'arpent contient 100 perches et la perche 20 pieds. Opération :

58 perches de long,
sur 18 perches de large.

464
58

Réponse $10^{arp.}$ $44^{perch.}$

Combien coûteront les 10 arpens 44 perches, à 15 francs la perche? Exemple et opération :

Multipliez les 1044 perches
par. . . . . . 15 francs.

5220
1044

Réponse. . 15660 francs.

DES RACINES CARRÉES ET DES RACINES CUBIQUES.

Pour former les puissances des racines, il faut multiplier le nombre dont on veut faire la puissance une fois par lui-même pour le carré, deux fois par lui-même pour le cube, etc. Ainsi, en multipliant 12 par 12, le produit 144 donne le carré de 12. En multipliant par 12 le produit de 12 par 12, on aura 1728 pour produit ou pour cube de 12. Le nombre que l'on cube est trois fois facteur du produit qui exprime la troisième puissance.

On trouve de même que le carré de $\frac{2}{3}$ est $\frac{4}{9}$; car $\frac{2}{3} \times \frac{2}{3} = \frac{4}{9}$. Le cube de la même fraction $\frac{2}{3}$ est $\frac{8}{27}$; car $\frac{2}{3} \times \frac{2}{3} \times \frac{2}{3}$, ou $\frac{4}{9} \times \frac{8}{27} = \frac{4}{9}$. Le carré de 0,4 est 0,16, puisque $0,4 \times 0,4 = 0,16$, etc.

Formation des différentes puissances des racines carrées et des racines cubiques pour les nombres suivans :

1, 2, 3, 4, 5, 6, 7, 8, 9, 10,
sont respectivement les racines carrées
de 1, 4, 9, 16, 25, 36, 49, 64, 81, 100;
et les racines cubiques
de 1, 8, 27, 64, 125, 216, 343, 512, 729, 1000.

Soit proposé d'extraire la racine d'un nombre composé de plusieurs chiffres. Extraire la racine carrée d'un nombre, c'est trouver le nombre qui, multiplié par lui-même, a donné le nombre dont il s'agit d'extraire la racine, si le carré est parfait, ou s'il ne l'est pas; c'est trouver le nombre carré contenu dans le nombre dont il s'agit d'extraire la racine. Je vais donner les deux exemples.

Lorsqu'un nombre est exprimé par deux chiffres, sa racine n'en a qu'un.

Lorsque le nombre est exprimé par trois chiffres, la racine en a deux.

Le nombre composé de cinq chiffres en aura trois à sa racine. Exemple pour les nombres 196 et 49534.

Carré 196	1	C. 49534	222 Racine.
1		4	
	24		42
096		095	442
96		84	
00		1134	
		884	
		250	

Le nombre qui contient des centaines, doit avoir des dixaines à sa racine ; je retranche les deux derniers chiffres 96, et je dis, quel est le plus grand carré contenu dans 1? C'est 1, que je pose à la suite du nombre 196, après avoir séparé la racine de son carré par une barre. Pour trouver ce qui reste, j'élève le chiffre 1 des dixaines à son carré, ce qui donne 1 que j'ôte de 1, il ne reste rien ; j'abaisse les deux derniers chiffres 96 pour trouver le second chiffre de la racine ; j'observe que le nombre 96 contient le double des dixaines. Je double 1 que j'écris au-dessous de la racine, je dis : en neuf combien de fois 2, il y est 4, que je pose à la suite de l'unité 1 de la racine. Pour savoir s'il y est en effet, je pose ce même 4 à côté du 2 double des dixaines, ce qui fait 24 ; je multiplie le tout par 4 ; ce qui me donne le produit double des dixaines par 4 avec le carré de 4. Si le produit peut être ôté de 96, j'en conclus que le chiffre 4 est celui des unités de la racine, et j'ai 14 pour racine de 196.

De la manière que l'on vient de voir, il sera facile de faire l'opération pour le nombre 49534, qui n'est pas un carré parfait ; on trouvera la racine du plus grand carré contenu dans le nombre proposé, comme l'indique l'opération, et le nombre 250 qui reste.

Extraction des racines cubiques. Les cubes sont des nombres produits par la multiplication d'un nombre multiplié deux fois de suite par lui-même. Mais lorsque le nombre proposé n'est pas un cube complet, on obtient des décimales approchant de la vérité de la racine, comme on le verra.

Pour extraire la racine cubique d'un nombre, il faut savoir combien la racine doit avoir de termes. Le cube d'un nombre composé de dixaines contient quatre parties, savoir : 1° le cube des dixaines; 2° le triple des dixaines multiplié par les unités; 3° le triple des dixaines multiplié par le carré des unités; 4° le cube des unités.

Lorsque le nombre proposé n'a pas plus de trois chiffres, sa racine cubique n'en a qu'un : ainsi la racine cubique de 729 est 9, celle de 840 est encore 9, qui, en nombres entiers, approchent le plus en-dessous de la véritable racine de 840.

Lorsque le nombre proposé a plus de trois chiffres, sa racine cubique en a plus d'un; ainsi 1000, qui est le plus petit nombre de quatre chiffres, a pour racine cubique 10, qui en contient deux. Pareillement, un nombre exprimé par plus de six chiffres aura pour racine cubique un nombre qui sera exprimé par plus de deux chiffres. Ainsi 1,000,000, qui est le plus petit des nombres de sept chiffres, a pour racine cubique 100, qui contient trois chiffres.

Pour former le cube d'un nombre composé de dixaines et d'unités comme 34, il faut multiplier son carré 1156 par 34, on aura 39304.

Extraire la racine cubique du nombre 91125.

Ce nombre étant composé de plus de trois chiffres, sa racine cubique aura des dixaines et des unités; et le nombre proposé contient, le cube des dixaines, trois fois le carré des dixaines multiplié par les unités, trois fois les dixaines multipliées par le carré des unités, enfin le cube des unités; or, le cube des dixaines est un nombre de mille qui a trois rangs à droite qui seront séparés par une barre, et la partie 91, restant à gauche, contiendra le cube des dixaines. Je vais poser la règle :

```
Cube  91|125  | 45 Racine cubique.
      64 .    | 48
      ------
      27 125
      27 125
      ------
         0
   4800 × 5  = 24000
    120 × 25 =  3000
Le cube de. . 5 =  125
Somme. . . . . . 27125
```

Le plus grand cube contenu dans 91 est 64, dont la racine cubique est 4; je l'écris à la racine, et je retranche son cube 64 de 91 : le reste est

27, à côté duquel j'abaisse la tranche suivante 125, et j'ai le nombre 27125.

Puisque j'ai retranché le cube des dixaines du nombre proposé, 27125 ne contient donc plus que trois parties, savoir : le triple du carré des dixaines multiplié par les unités, le triple des dixaines multipliées par le carré des unités et le cube des unités.

La première de ces trois parties étant un nombre de centaines, a nécessairement deux rangs à sa droite; elle sera donc contenue dans 271 (1). Je divise 271 par 48, qui est égal au triple du carré de 4; le quotient 5 donne les unités de la racine.

Avant de l'écrire, je le soumets à l'épreuve, en multipliant 1° 4800, triple du carré des 4 dixaines par ce nombre 5, ce qui donne 24000; 2° 120, triple des dixaines, par 25, carré de 5; le produit est 3000.

Enfin, je prends le cube de 5, qui est 125. Si la somme de ces trois produits ne peut être retranchée de 27125, j'en concluerai que 8 est trop grand, et je prendrai le chiffre immédiatement inférieur; mais je remarque que la somme de ces trois produits, savoir : 27125,

---

(1) Je mets un point sous le chiffre 1, pour me rappeler que les deux derniers chiffres, sur la droite du nombre 27125, ne peuvent faire partie de mon dividende.

peut être retranchée de 27125 ; 5 est donc le véritable nombre des unités que je cherche, et je l'écris à la racine.

Comme il ne reste rien après la soustraction, 45 est la racine cubique du nombre proposé 91125, qui est un cube parfait, puisque $45 \times 45 \times 45 = 91125$.

Lorsqu'un nombre n'est pas un cube parfait, et qu'on veut, à l'aide des décimales, approcher de la véritable racine cubique, on met, à la suite d'une virgule écrite à la droite du nombre, trois fois autant de zéros que l'on veut avoir de décimales à la racine : puis on extrait la racine cubique de ce nombre ainsi préparé, comme si c'était un entier ; enfin on sépare, dans la racine trouvée, un nombre de chiffres décimaux égal au tiers du nombre de zéros qu'on a d'abord écrits à la suite du nombre proposé.

PROPORTIONS ET PROGRESSIONS ARITHMÉTIQUES.

Dans toutes proportions arithmétiques, la somme des extrêmes est égale à celle des moyens. Dans la proportion arithmétique 4 . 6 : 7 . 9 ; 2 est le rapport, 4+9 ou 13, somme des extrêmes, =6+7 ou 13, somme des moyens.

Le rapport de 12 à 3 est 4, et le rapport de 3 à 12 est $\frac{3}{12}$ ou $\frac{1}{4}$.

Trouver le quatrième terme d'une propor-

tion, dont les trois autres sont connus. 5 · 7 : 9 · 11 ou 11 · 7 : 9 · 5.

Les trois termes 3,7,9 *d'une proportion étant donnés, et* 7 *étant l'un des moyens, trouver l'autre moyen.* J'ajoute les extrêmes 3,9, et de leur somme 12 je retranche 7 ; le reste 5 sera le moyen. Voilà la proportion :

3 · 5 : 7 : 9, ou 9 · 5 : 7 · 3.

PROPORTIONS ET PROGRESSIONS GÉOMÉTRIQUES.

Dans toute proportion géométrique, le produit des extrêmes est égal au produit des moyens. Par exemple, dans la proportion 8 : 16 : : 6 : 12, 8 × 12 ou 96, produit des extrêmes ; = 16 × 6 ou 96, produit des moyens. Et dans cet autre : 15 : 5 : : 6 : 2 ; 15 × 2 ou 30, produit des extrêmes = 5 × 6 ou 30, produit des moyens.

Trouver le quatrième terme d'une proportion géométrique dont les trois autres sont connus. Exemple : 4 : 8 : : 12 : 24, ou 24 : 8 : : 12 : 4. Si je connais les trois termes 5, 11, 21 d'une proportion géométrique, et 15 étant l'un des moyens, je cherche l'autre, en multipliant les extrêmes 5, 21 l'un par l'autre ; je divise par 15 le produit 105, le quotient 7 sera le moyen cherché. De sorte que la proportion est

5 : 7 : : 15 : 21, ou 5 : 15 : : 7 : 21.

DE LA RÈGLE DE TROIS.

La règle de trois se réduit à trouver un terme d'une proportion, dont les trois autres termes sont donnés. On distingue deux règles de trois : la première est dite *directe*, et l'autre *inverse*.

La règle est directe lorsque les termes correspondans vont du *plus* au *plus*, ou du *moins* au *moins*. Elle est inverse, lorsque les termes correspondans vont du *plus* au *moins*, ou *du moins* au *plus ;* ses règles sont simples ou composées.

Exemple : 25 ouvriers ont fait 32 toises ou 32 mètres d'ouvrage, combien 50 ouvriers en feront-ils dans le même temps ? (Cette règle est directe.)

$$25^{\text{ouvriers}} : 50^{\text{ouvriers}} \text{ (1), ou } 25 : 50 :: 32^{\text{to}} : x = \frac{32^{\text{to}}\ 50}{25} = \frac{1600^{\text{to}}}{25} = 64^{\text{to}}.$$

Cinq hommes ont travaillé 8 jours, ils ont fait 42 toises d'ouvrage ; combien 10 hommes, en

---

(1) On substitue au rapport 25 ouvriers, le rapport 25 : 50, etc.

On peut abréger, en divisant par 25 les deux termes du rapport 25 50, et l'on aura $1 : 2 :: 32^{\text{to}} : x = \frac{32 \times 2}{1} = 64^{\text{to}}$.

travaillant pendant 16 jours, en feront-ils? Cette règle est composée je la réduis à une règle de trois simple, en disant : 5 hommes qui travaillent pendant 8 jours, sont la même chose que 8 fois 5 hommes, ou 40 hommes qui travaillent pendant un jour; de même, 10 hommes qui travaillent pendant 16 jours, sont la même chose que 16 fois 10 hommes, ou 160 hommes qui travaillent pendant un jour. La question précédente se change en celle-ci : 40 hommes ont fait 42 toises d'un certain ouvrage, combien 160 hommes en feront-il dans le même temps?

Cette règle est directe, et donne $40 : 160$,

ou $1 : 4 :: 42^{to} : x = \frac{42^{to} \times 4}{1} = 168^{to}$.

On peut disposer les nombres comme il suit :

$$\begin{array}{ccc} 5^h & 10^h & 42^{to} \\ 8^h & 16^h & \\ \hline 40^h : & 160^h & \end{array}$$

ou $40 : 160 :: 42^{to} : x = 168^{to}$.

Le nombre 168 est le terme cherché ; car deux fois plus d'hommes dans deux fois plus de temps, doivent faire quatre fois plus d'ouvrage : or le nombre 168 toises est quadruple de 42 toises.

RÈGLE DE SOCIÉTÉ.

La règle de société est une opération par laquelle on partage un nombre en parties proportionnelles à des nombres donnés; elle sert, dans la société, à répartir un gain, une perte, proportionnellement à la mise de chaque associé.

Exemple : deux personnes ont formé une société; l'un a mis 100 francs et l'autre 200 francs; ils ont gagné 2200 fr., que leur revient-il à chacun ?

Chaque gain particulier doit être proportionnel à chaque mise particulière; on aura cette proportion :

La première mise : premier gain : :
La deuxième mise : deuxième gain.

La somme des mises : la somme des gains

$$: : \left\{ \begin{array}{l} \text{La première mise : premier gain.} \\ \text{La deuxième mise : deuxième gain.} \end{array} \right.$$

La règle de société se réduit à une règle de trois, dont le premier terme est la somme des mises; le second, la somme des gains; le troisième, chaque mise particulière.

On aura pour quatrième terme la part de chaque associé. J'aurai donc :

$$300 : 1200 : : \left\{ \begin{array}{l} 100^{f} : x = \dfrac{100^{f} \times 1200}{300} = 400^{f}. \\ 200^{f} : y = \dfrac{200^{f} \times 1200}{300} = 800^{f}. \end{array} \right.$$

Trois négocians ont mis dans le commerce un fonds de 724 fr.; l'un 412 fr., l'autre 208 fr., et le dernier 104 fr.; ils ont perdu 1472 fr. Quelle est la perte de chacun?

Je fais la règle de trois suivante :

$$724 : 1472 :: \begin{cases} 412^f : x = \dfrac{412^f \times 1472}{724} = 837^f\,66^c. \\ 208^f : y = \dfrac{208^f \times 1472}{724} = 422^f\,88^c. \\ 104^f : z = \dfrac{104^f \times 1472}{724} = 211^f\,46^c. \\ \hline \qquad\qquad\qquad\qquad\qquad 1472^f\,00^c. \end{cases}$$

On vérifie cette règle en prenant la somme des gains particuliers, ou des pertes particulières; cette somme doit être égale au gain total ou à la perte totale.

FIN.

TABLE

DES MATIÈRES

CONTENUES DANS CET OUVRAGE.

PREMIÈRE PARTIE.

LEÇON PREMIÈRE. — Définition de la géométrie, du cercle, des perpendiculaires, des parallèles et des angles. N° 1 à 57.

Des projections. — Des lignes. N° 3 à 6.

LEÇON DEUXIÈME. — Du cercle, des angles, des perpendiculaires et des parallèles. N° 58 à 67.

Des angles, opération que l'on fait sur le papier et sur le terrain. N° 68 à 78.

Des perpendiculaires. N° 79 à 92.

Opération du terrain sans instrumens. N° 85 à 92.

Des parallèles. N° 93 à 95.

Opération du terrain sans le secours d'instrumens. N° 96.

LEÇON TROISIÈME. — Des polygones, des lignes proportionnelles; réduction et transformation des plans, division des plans, assemblage des plans.

Des polygones. N° 103 à 118.

De l'inscription des polygones réguliers dans le cercle, au moyen de la règle et du compas. N° 112 à 113.

Des lignes proportionnelles considérées dans le cercle. N° 119.

Déduction ou transformation des plans. N° 125 bis à 140.

Division des plans. N° 141 à 150.

Assemblage des plans, les agrandir ou les diminuer, les retrancher les uns des autres. N° 151 à 157.

LEÇON QUATRIÈME. — Des ovales, des ellipses, des tangentes, des sections coniques et des courbes mécaniques. — Des ovales et des anses de paniers. N° 158 à 162.

Des Ellipses. N° 163 à 167.

Des Tangentes. N° 168 à 178.

Des sections coniques. N° 178 à 180.

Hyperbole. N° 181 à 182.

Des courbes mécaniques et géométriques. N° 183.

LEÇON CINQUIÈME. — De la mesure des surfaces. N° 192 à 206.

Trigonométrie pratique. N° 206 bis à 221.

LEÇON SIXIÈME. — De la cubature des corps solides, des développemens de surface, de la cubature dans le déblais et remblais. N° 222 à 231.

Principes de la mesure des solides. — Observations sur le toisé des solides. N° 234.

De la cubature des solides, qui ont pour base un triangle. N° 49 et 260.

De la cubature des solides, qui ont pour base un polygone quelconque. N° 258 à 262.

Des solides qui ont pour base un cercle, et sont terminés par une surface courbe. N° 264 à 277.

DEUXIÈME PARTIE.

LEÇON SEPTIÈME. — Des échelles et des instrumens. N° 287 à 290.

LEÇON HUITIÈME. — Levé au pas, à la toise ou au mètre, à la chaîne et à l'équerre. N° 321 à 337.

LEÇON NEUVIÈME. — Levé à la planchette. N° 338 à 352.

LEÇON DIXIÈME. — Trigonométrie rectiligne. N° 356 à 366.

LEÇON ONZIÈME. — Application du graphomètre à la pratique de la trigonométrie. N° 367 à 381.

LEÇON DOUZIÈME. — Du levé de la boussole. N° 381 bis à 394.

LEÇON TREIZIÈME. — Du nivellement, des déblais et remblais. N° 395 à 409.

LEÇON QUATORZIÈME. — Du relief des terrains, exprimé par la longueur des hachures ou la projection des lignes de plus grandes pentes. N° 413 à 418.

LEÇON QUINZIÈME. — Détails de topographie; du dessin et de l'explication des signes qui entrent dans la composition d'une carte ou d'un plan particulier. N° 419 à 423.

Chorographie et hydrographie, ou de la description et de la représentation d'un pays. N° 424 à 439.

Des rives, canaux, ponts et signes qui en dépendent. N° 440 à 443.

Usines sur les rivières. N° 444 à 449.

Passage des rivières. N° 450 à 460.

Routes et chemins. N° 461 à 467.

Forêts, bois et autres plantations. N° 468 à 493.

LEÇON SEIZIÈME. — Des partages des champs. N° 494 à 499.

Des bornes. N° 500.

Vérification d'un procès-verbal d'abornement. N° 501 à 507.

TROISIÈME PARTIE.

LEÇON DIX-HUITIÈME. — Du lavis des plans topographiques. N° 551 à 587.

LEÇON DIX-NEUVIÈME. — Des écritures sur les plans et des légendes. N° 586 à 603.

LEÇON VINGTIÈME. — L'arithmétique. Page 329.

OBSERVATIONS.

Chaque proposition porte un numéro qui correspond à celui de la figure.

Chaque figure porte un numéro qui renvoie à celui de son explication.

Dans le texte, les numéros de renvoi sont mis entre parenthèses.

FIN DE LA TABLE.

www.ingramcontent.com/pod-product-compliance
Ingram Content Group UK Ltd.
Pitfield, Milton Keynes, MK11 3LW, UK
UKHW012151240726
13966UKWH00002B/257